WATANABE
TOMOHIRO
渡辺智宏
PwCコンサルティング合同会社 執行役員 パートナー

PARTS
MANUFACTURER
SURVIVAL

部品メーカーサバイバル

R&D改革15のポイント

日経BP

目次

第Ⅲ部

部品メーカーの開発イノベーション

15のポイントおよび定着化7カ条

はじめに

本書は、PwCコンサルティング合同会社（以下、PwCコンサルティング）に所属する筆者らが執筆した調査レポート「CASE対応に求められる大変革　部品メーカーの新規事業成功に向けて取り組むべき5つの視点」（2022年6月発刊）、「自動車部品メーカーの開発イノベーション 15のポイントおよび定着化7カ条」（2023年6月発刊）の2冊を集約し、加筆・修正を加えたものである。

2022年のレポート発刊から約3年の時を経て本書が出版されるが、この3年間で社会や政治・経済、技術の大きな変化と進展があった。新型コロナウイルス感染症が収束に向かい、再び世界中の人々の移動が増えたこと。ロシア・ウクライナ紛争やイスラエルとハマスの武力衝突、中国による台湾への軍事侵攻を想定した台湾有事と呼ばれるシナリオなど、世界情勢の不安が高まっていること。社会のホワイト化といわれるカルチャー変化が世界中で本格的に起きて、勢いを増していること。深刻な労働力不足や物価の急高騰。インターネットの次の姿とされるWeb3が広く知られるようになり、かつてない価値の交換を可能にするブロックチェーン技術などが進展していること。生成AIと呼ばれる人工知能の画期的な分野が広く社会に認知・活用され始め、ついにシンギュラリティーが来たのではないかと想起されるようになったこと。これらの他にも、この3年間での変化や進展は数多く、ここに全てを書き切ることはできない。

これらの様々な事象が複雑に絡み合い、VUCA（Volatility、Uncertainty、Complexity、Ambiguity）と呼ばれる、急速に変化し予測が困難な、複雑で不確かな環境や状況が、われわれの身の回りをつくり出している。1つ特徴的だと思えるのは、これまでは遠いニュースのように感じられた環境問題や社会運動・政治活動などが、製造業各社の現場の日常業務に、直接リンクしてくる傾向が強くなっていることだ。

本書は自動車部品をはじめとする様々な部品メーカーのエンジニアリングチェーン改革について、その考え方やフレームワーク、進め方、実施上のポイントなどをまとめたものだ。当然、部品メーカー各社のエンジニアリングチェーン領域にも、このような環境が深く影響し、運営の難しさにつながっている。特にモビリティ産業においてはCASE（Connected：コネクテッド、Autonomous：自動運転、Shared：シェアリング、Electric：電動化）という大波が完成車メーカー、部品メーカー、その他関連企業に多数の環境変化を与えているのは言うまでもない。そしてこのCASEの波は今後、モビリティ以外の様々な産業にも同様に波及し、社会が大きく変化していくことと想定される。

本書で詳しく述べるが、このような状況の中、部品メーカー各社が生き残り、発展していく上でのキーファクターの1つとなるのが、エンジニアリングチェーン領域の変革だといえる。「両利きの経営」というキーワードに代表されるように、企業経営には既存事業の深化・効率化と、新規事業の探索・創造といった、2つのバランスの取れた持続的な取り組みが求められる。エンジニアリングチェーン領域は企業のバリューチェーンの川上に位置しており、既存事業と新規事業の両方に強い影響を与える。エンジニアリングチェーン領域の運営の巧拙により、企業経営は大きく左右され、エンジニアリングチェーンが経営をグリップするといっても過言ではないだろう。

ここまで述べてきた通り、部品メーカー各社のエンジニアリングチェーン領域は、企業経営の持続的発展に向けて、混沌としたビジネス環境の中、自社ビジネスを維持・継続しながら、新たな価値の創出も実現していかなければならないという重責を負っている。正直、その大変さにため息が出てしまいそうなほどであるが、少しでもその苦労を緩和できればと本書を上梓するに至った。VUCAといわれる現代においても、時代の変化にそこまで強い影響を受けない、いつの時代でも通用しやすい、いわば原理・原則的なエンジニアリングチェーン領域のマネジメントの目指す姿や、そこに近づけていくための変革の方向性やフレームワーク、進め方などが存在する。このことを、筆者らは数多くの部品メーカーのコンサルティング経験から見いだしてきた。本書ではそれをできる限り多く紹介していきたい。

本書はタイトルに「部品メーカー」と付いているが、原理・原則的なエンジニアリングチェーン領域の変革には、部品メーカー以外であっても共通する要素が多分に含まれている。この混沌とした時代において、本書がエンジニアリングチェーン領域に携わる多くの方々の一助となれば幸いである。

PwCコンサルティング合同会社　執行役員　パートナー
エンタープライズトランスフォーメーション事業部
インダストリーソリューション
R&D/PLM Non Auto CoE　リーダー
渡辺 智宏

第 I 部

CASE対応に求められる大変革

部品メーカーの新規事業成功に向けて取り組むべき5つの視点

第 1 章

部品メーカーが置かれている環境

部品メーカーサバイバル
R&D改革15のポイント

人類にとって最大の脅威といわれる地球温暖化への対抗策として、二酸化炭素など温暖化ガスの排出を2050年までに実質ゼロにしようと、世界各国が規制化や様々な取り組みを始めている。また、通信技術の進展により、以前の第4世代と比べて最大100倍の通信速度を持つ第5世代移動通信システム（5G）の普及が2020年から本格化した。こういった大きな環境変化は産業界のあらゆる分野に及ぶが、特にその中でも顕著な動きが出ている産業の1つが自動車である。自動車・モビリティ産業では「CASE」（Connected：コネクテッド、Autonomous：自動運転、Shared：シェアリング、Electric：電動化）と呼ばれる環境変化のキーワードへの対策が急務となっており、完成車メーカー各社は挑戦的な電動化戦略などを打ち出している。

CASEの中核を担うのが自動運転や電気自動車だが、その本命とされる電気自動車では内燃機関系の部品が減少し、現在約3万点ある部品のうち、1万点程度が不要になるといわれている。当面はハイブリッド車も増加し、エンジンの需要は急減しないものの、2030年あたりから漸減していくといった予測が立てられている。

この影響は当然、完成車メーカーだけでなく部品メーカーにも大きく波及するだろう（図表1-1）。内燃機関系の部品を事業の主軸にしているメーカーは、既存事業が先細っていく前に新規事業を立ち上げ、早急に次の事業の柱を構築しなければならない。自動運転や電気自動車に関連する部品に力を入れていくメーカーは、それに必要な次世代技術の研究開発に巨額の投資をしていく必要が出てきている。このように、部品メーカーはCASEの影響で本格的な大変革期を迎えているのである。

部品メーカー成功のカギは「エンジニアリングチェーン」

そのような中、部品メーカーの将来の成功のカギを握るのは「各社のエンジニアリングチェーン（未来構想～事業・商品企画～研究・開発・設計・

図表1-1　自動車・モビリティ産業における部品メーカーの課題

部品業界を取り巻く環境(例)	
Politics	・規制強化(環境、セキュリティなど) ・米中対立、ロシア・ウクライナ紛争などの地政学的リスク
Economy	・新興国経済の成長 ・国内経済の停滞、縮小
Society	・SDGsに対する関心・要求の高まり ・自然災害、感染症などのリスク
Technology	・各領域におけるDXの進展 ・CASE関連技術の進化
Customer	・製品アーキテクチャー変化 ・自動車OEMのビジネスモデル多様化 ・自動車OEM再編
Competitor	・異業種からの参入増加 ・新興国企業の台頭 ・サプライヤー再編
Company	・経営資源の外部調達加速 ・ベテランの引退、人材不足 ・老朽システム維持管理費の高額化

部品メーカーにおける重要課題(例)	
未来構想 基礎研究 事業企画 商品企画 開発・設計 生産準備	・技術力をベースとした新規事業開発 ・MBSEによる検討・検証の効率化 ・モジュラーアーキテクチャーの進化 ・製品情報管理体系(BOM)の見直し ・設計品質強化による品質リスク撲滅
調達 製造 生産管理 物流 販売 サービス	・ライフサイクルを通じた原価企画の強化 ・工場IoTによる製造QCD可視化 ・保守ビジネスの売り上げ・利益増強 ・事業継続計画(BCP)を踏まえた強靭なグローバルサプライチェーンの構築
経営管理 人事 会計 IT	・サイバーセキュリティ強化(WP29対応) ・再生可能エネルギーの活用強化 ・効果的な外部資源活用 ・老朽化システムの刷新

様々な課題があるが、
特に**「既存事業に次ぐ、新たな事業の柱の構築」**は喫緊であると言える

BOM：Bill of Materials　CASE：Connected、Autonomous、Shared、Electric
IoT：Internet of Things　MBSE：Model Based Systems Engineering
OEM：Original Equipment Manufacturer　QCD：Quality、Cost、Delivery
WP29：自動車基準調和世界フォーラム

(出所：PwCコンサルティング)

生産技術)」領域といえる。

部品メーカー各社には、これまで蓄積してきた強い技術がある。この技術をうまく活用しながら新たな事業を企画・開発し、他社との連携により次世代技術を開発・獲得することが重要だ。部品の大幅なコストダ

ウンを実現する技術の開発、「つながるクルマ」で新たな課題となる製品セキュリティ対策の構築と実践、垂直統合から水平分業にシフトするビジネススキームに合った技術のオープン＆クローズ戦略の立案・実行を行うなど、エンジニアリングチェーン領域の改革が部品メーカーに訪れている大変革期を乗り切る上で必須である。

エンジニアリングチェーンの役割は大きく2つある。1つは「既存事業における商品（製品・サービス）開発のQCD（Quality：品質、Cost：コスト、Delivery：納期）水準高度化」で、本書では第Ⅱ部以降で詳説する。もう1つが、本章以降の第Ⅰ部で解説する「自社の強みとする技術を活用した新規事業の企画・開発」だ（図表1-2）。

既存事業領域においては、商品開発力を持続的に改善しながら価値の最大化を図ることがエンジニアリングチェーンに求められる。これに対して新規事業領域においては、新たな企業成長の柱を探し生み出すことが求められる。新規事業開発に関する実態調査を行うと、8割近くの部品メーカーが自社の技術力をベースとして新規事業開発を行っているという結果が出ている（詳細は第2章を参照）。

図表1-2　エンジニアリングチェーンに求められる2つの役割

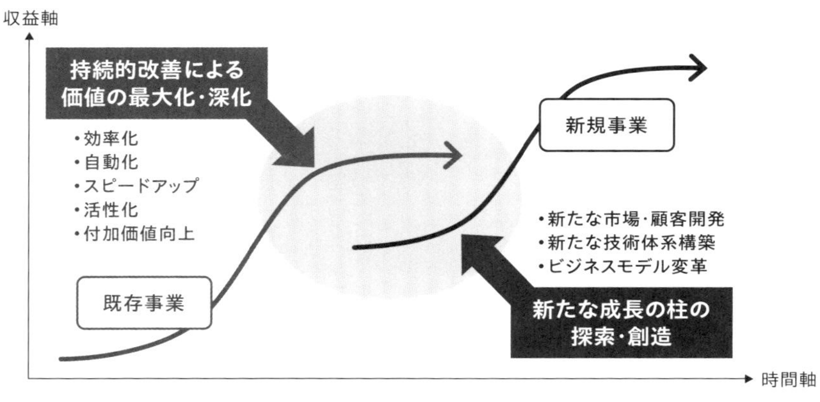

（出所：PwCコンサルティング）

これを見ても分かるように、部品メーカーの新規事業開発には、これまで蓄積してきた技術をつかさどるエンジニアリングチェーンが主体的に関わり、次世代の事業の種を生み出して育てていかなければならない。

IoT時代における新規事業の着眼点

それでは、昨今のIoT時代において、部品メーカーの経営企画部門、事業企画部門、R&D部門などが連携して新規事業を考える際には、どのような着眼点があるだろうか。ここでは、完成車メーカーと部品メーカーの立場の違いから着眼点を考えてみたいと思う。

まず完成車メーカーの場合、「モビリティエコシステムのどのレイヤーで事業展開していくか?」を具体化し、事業構造を変革していくことが重要である。

IoTで製品からデジタルデータが収集され、それらがネットワークで接続・連携されるとエコシステムが形成されていく。昨今、様々な産業で新たなエコシステムが誕生しているが、特に先行しているのが自動車・モビリティ産業だ。

エコシステムは、大きく3つのレイヤーに区分することができる。製品の使用で生まれる個別のデジタルデータが散在した「エレメントデータ層」、エレメントデータ層の個別データが集積・管理された「データプラットフォーム層」、データプラットフォーム層で管理されたデータを組み合わせて社会に付加価値のあるサービスが提供される「アプリケーション層」の3つである。エレメントデータ層には「データサプライヤー」、データプラットフォーム層には「データプラットフォーマー」、アプリケーション層には「アプリケーションベンダー」といったプレーヤーが存在し、各レイヤーおよびエコシステム全体での覇権争いが激化している(図表1-3)。

このような中、「どのレイヤーで事業を行うか?」「その中で誰と組むか？」「どうもうけるか？」といった、モビリティエコシステムにおけるビジネスモデルの具体化を完成車メーカーは進めていく必要がある。その際、「自動車の開発・製造・販売・アフターサービスの延長線上に自社の将来があるとは限らない」という意識を持つことが重要だ。

次に部品メーカーの場合、モビリティエコシステムでのポジショニングを考えるべき完成車メーカーとは異なり、以前から事業成長の検討基軸であった「市場・顧客軸」と「製品・技術軸」の2つの方向で考えることができる（図表1-4）。

モビリティエコシステムにおいて、自動車は「完成品」ではなく「部品」として捉えることができる。自動車から抽出されるデジタルデータも「部品」の一種である。つまり、完成車メーカーは部品メーカーの位置付けに変わることになる。完成車メーカーがモビリティ全体の覇権を握ろうとするのは、エコシステムにおける「完成品」を取り扱う企業になりた

図表1-3　IoTによって創造されるエコシステムとレイヤー

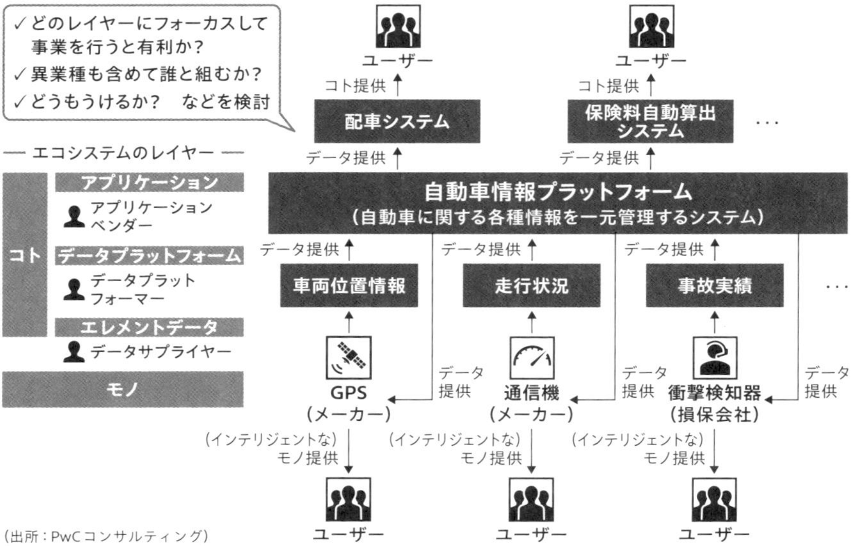

✓どのレイヤーにフォーカスして事業を行うと有利か？
✓異業種も含めて誰と組むか？
✓どうもうけるか？　などを検討

― エコシステムのレイヤー ―
コト
アプリケーション
アプリケーションベンダー
データプラットフォーム
データプラットフォーマー
エレメントデータ
データサプライヤー
モノ

ユーザー
コト提供
配車システム
ユーザー
コト提供
保険料自動算出システム
…
データ提供
データ提供
自動車情報プラットフォーム
（自動車に関する各種情報を一元管理するシステム）
データ提供
車両位置情報
データ提供
走行状況
データ提供
事故実績
…
GPS（メーカー）
データ提供
通信機（メーカー）
データ提供
衝撃検知器（損保会社）
データ提供
（インテリジェントな）モノ提供
ユーザー
（インテリジェントな）モノ提供
ユーザー
（インテリジェントな）モノ提供
ユーザー

（出所：PwCコンサルティング）

い意図の表れと考えられる。

一方、部品メーカーの場合、完成車メーカーより扱っている製品や技術を様々な領域へ用途展開しやすく、従前からの2つの方向性で事業展開を考えた方が、拡張性が高くなる。

「市場・顧客軸」では、自動車市場での既存顧客拡大と新規顧客開拓、自動車以外の市場での新規顧客開拓という方向性がある。「製品・技術軸」では、単品製品から周辺製品への製品領域の拡大、製品売り切り(「モノ」売り)から製品に関わるデジタルデータを活用した「モノ」+「コト」売りへの拡大、これまで培った要素技術・開発技術・評価技術・製造技術などのノウハウ外販といった方向性がある。

図表1-4　自動車部品メーカーにおける事業成長マトッリクス

市場・顧客 ／ 製品・技術			自動車市場			その他市場	
			既存顧客		新規顧客	市場A	市場B
			地域A	地域B		新規顧客	新規顧客
既存	単品製品						
既存	周辺製品						
既存	技術外販(要素技術、開発技術、評価技術、製造技術など)						
拡大	単品製品	「モノ」売り					
拡大	単品製品	「モノ」+「コト」売り					
拡大	周辺製品	「モノ」売り					
拡大	周辺製品	「モノ」+「コト」売り					
拡大	技術外販(要素技術、開発技術、評価技術、製造技術など)						
新規	単品製品	「モノ」売り					
新規	単品製品	「モノ」+「コト」売り					
新規	周辺製品	「モノ」売り					
新規	周辺製品	「モノ」+「コト」売り					
新規	「コト」売り						
新規	技術外販(要素技術、開発技術、評価技術、製造技術など)						

<部品メーカーの事業成長の方向性>

■ 市場・顧客軸
- ✓自動車市場の既存顧客において現在カバーしきれていない地域への製品提供
- ✓自動車市場およびその他市場における新規顧客開拓

■ 製品・技術軸
- ✓単品製品から周辺製品への提供製品拡大
- ✓製品売り切り(「モノ」売り)から、製品に関わるデータを活用した「モノ」+「コト」売り、さらには「コト」売りに特化したビジネス展開
- ✓これまで培ってきた各種技術(要素技術、開発技術、評価技術、製造技術など)の外販

(出所:PwCコンサルティング)

まずは自社が持つ技術を棚卸しし、コア技術を特定した上で、将来の有望市場・顧客への用途展開を進めることが重要である。

第 2 章

製造業および部品メーカーの新規事業開発の実態

PwCコンサルティングは日経BPと連携して、製造業各社に対する「新規事業実態調査」を2016年と2021年の2回にわたって実施している（調査対象数＝266〈2016年〉、380〈2021年〉）。

本調査は、両年とも同様の設問項目を用いて新規事業の取り組み状況を調査し、5年間の状況変化や新規事業の成功・失敗要因を見いだすといったコンセプトで実施した。ここでは、本調査を通じて見えてくる部品メーカーの新規事業開発の実態や成功に向けたポイントについて考えていく。

新規事業の目的、取り組み内容

まず、新規事業の取り組み状況について見ていく。

●「新規事業の必要性」に関する製造業全体の調査結果（質問：あなたの勤務先企業・機関では、新規事業開発は必要とされていますか？）
——2016年、2021年ともに、新規事業の必要性を感じていると答えた組織が9割を超えており、既存事業と並行して新規事業の取り組みが必須

図表2-1　新規事業開発の必要性について

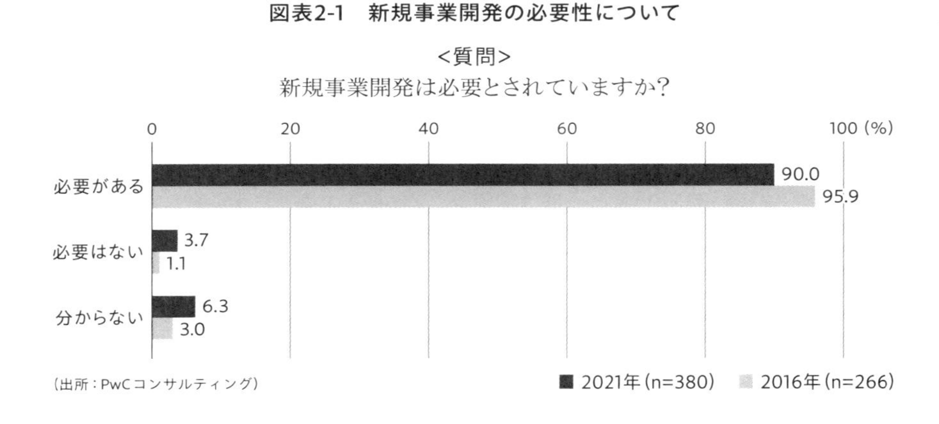

（出所：PwCコンサルティング）

であるという認識の強さが見て取れる（図表2-1）。また、図表には記載していないが、部品メーカーのカテゴリーにおける2021年の結果では、この傾向がより顕著だった。

●「新規事業の目的」に関する製造業全体の調査結果（質問：あなたの勤務先企業・機関では、新規事業の主目的は、次のどれに該当しますか？）

——2016年と2021年で異なる傾向が示されている。2016年は「現事業に代わる柱の確立」が最多（47.5%）で、次に「企業規模拡大のための事業領域の追加」（35.7%）という結果だったが、2021年ではこの2つが逆転しており、より短期的な事業成果を目的とした新規事業が増加していることが見て取れる（図表2-2）。また、図表には記載していないが、部品メーカー

図表2-2　新規事業の目的について

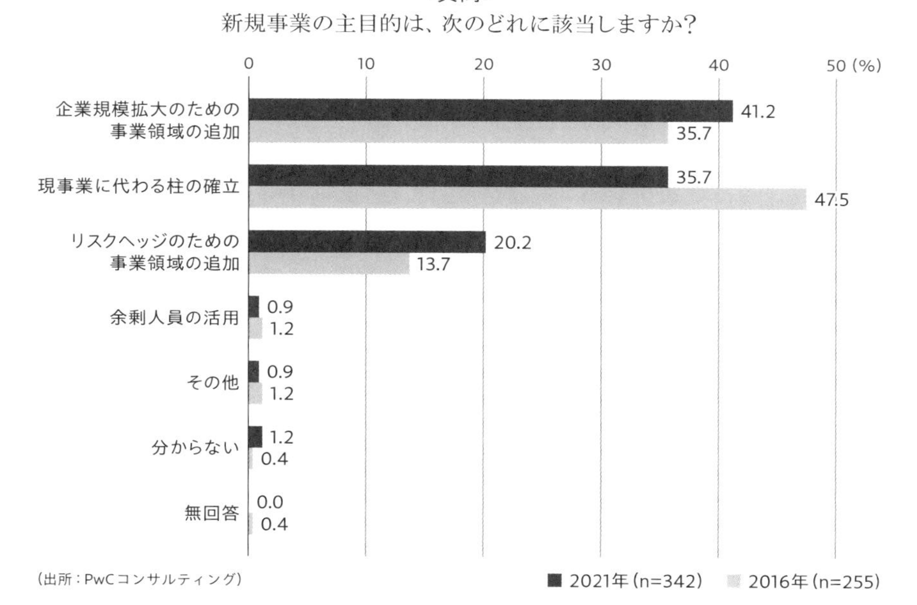

（出所：PwCコンサルティング）

のカテゴリーにおける2021年の結果には、この傾向がより顕著に表れている。

●「新規事業で力を入れている内容」に関する製造業全体の調査結果（質問：あなたの勤務先企業・機関では、新規事業のうち、最も力を入れているものの内容は、次のどれに該当しますか？）

――2016年と2021年で傾向が異なった。2016年では「既存の商品・サービスをベースに、新たな市場・顧客を開拓する」が1位（39.6％）、「これまで手掛けていない商品・サービスを、新たな市場・顧客に届ける」（32.9％）が2位、「既存の市場・顧客に、新たな商品・サービスを届ける」（23.5％）が3位という順序だったが、2021年では「既存の商品・サービスをベースに、

図表2-3　新規事業で力を入れている内容について

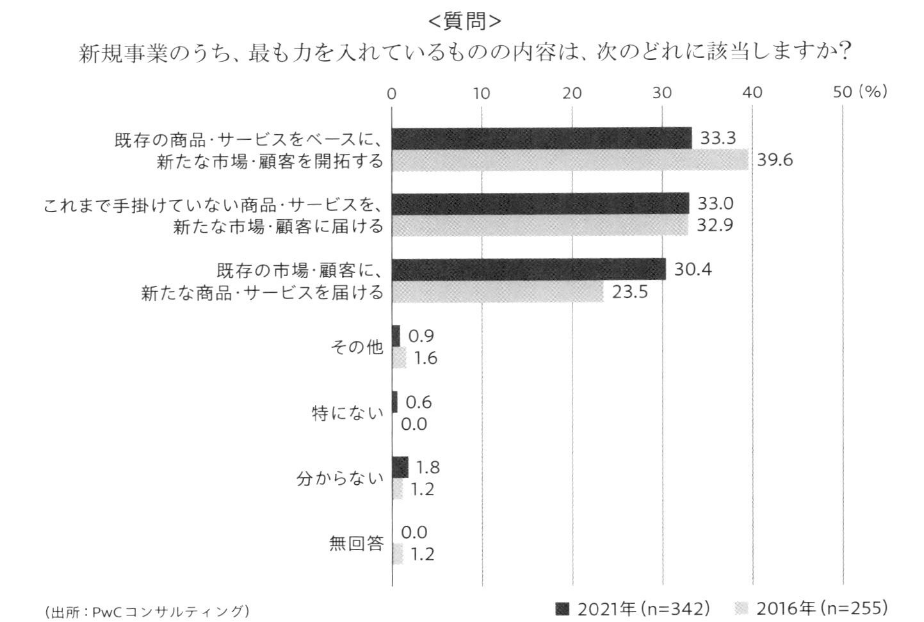

（出所：PwCコンサルティング）

新たな市場・顧客を開拓する」(33.3%)と「これまで手掛けていない商品・サービスを、新たな市場・顧客に届ける」(33.0%)がほぼ同率で1位、3位の「既存の市場・顧客に、新たな商品・サービスを届ける」も30.4%で、1位とあまり変わらなかった(図表2-3)。

この結果から、新規事業で力を入れる領域は、各社それぞれが持つ強みの状況やビジネス環境などによって異なるという傾向が強くなっているように見受けられる。また、図表には記載していないが、部品メーカーのカテゴリーにおける2021年の結果は「既存の市場・顧客に、新たな商品・サービスを届ける」が1位で、上位3項目の割合の差は、製造業全体の結果と比較して、さらに大きくなる傾向が見られた。

●「新規事業で重視している自社資源」に関する製造業全体の調査結果(質問:あなたの勤務先企業・機関では、新規事業開発に際して、どのような自社資源の活用を重視していますか?)

――2016年も2021年も傾向はあまり変わらず、「技術力」が1位(2016年:67.7%、2021年:71.3%)で、「人材」が2位だった(図表2-4)。また、図表には記載していないが、部品メーカーのカテゴリーにおける2021年の結果でも、やはり「技術力」が1位で、この傾向がより顕著である。この結果から、製造業全般、特に部品メーカーにおいては、技術力をより積極的に活用した新規事業開発を行っていることが見て取れる。

●「新規事業のアイデア獲得方法」に関する製造業全体の調査結果(質問:あなたの勤務先企業・機関では、新規事業開発のアイデアはどのように得ていますか?)

――2016年も2021年も「顧客の要望」が1位(2016年:57.1%、2021年:57.4%)だった(図表2-5)。2位以降を見ると、2016年では「社外のセミナーや異業種交流会、研究会」が2位(34.6%)、僅差で「トップの考え」が3位(32.3%)だった。2021年では「トップの考え」が2位(43.7%)、3位は「社内で公

図表2-4　新規事業で重視している自社資源について

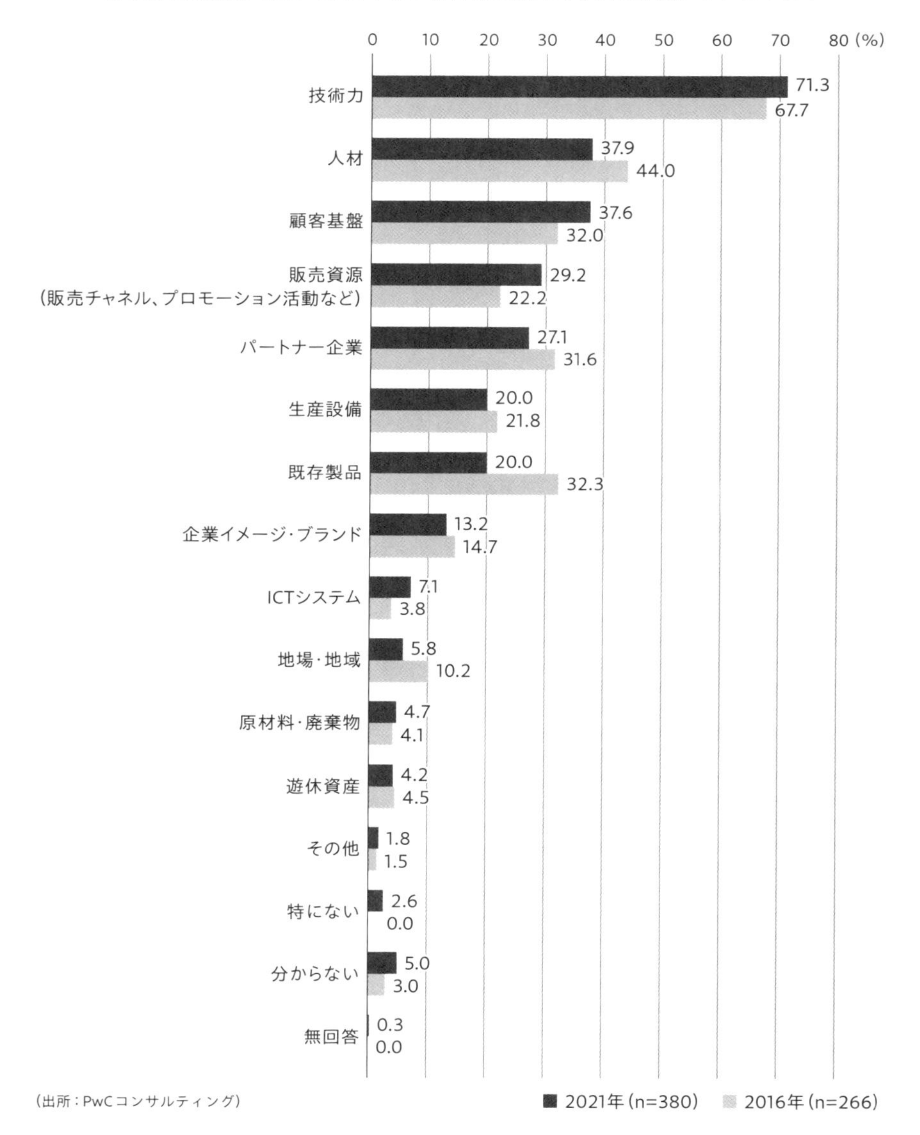

(出所：PwCコンサルティング)

図表2-5　新規事業のアイデア獲得方法について

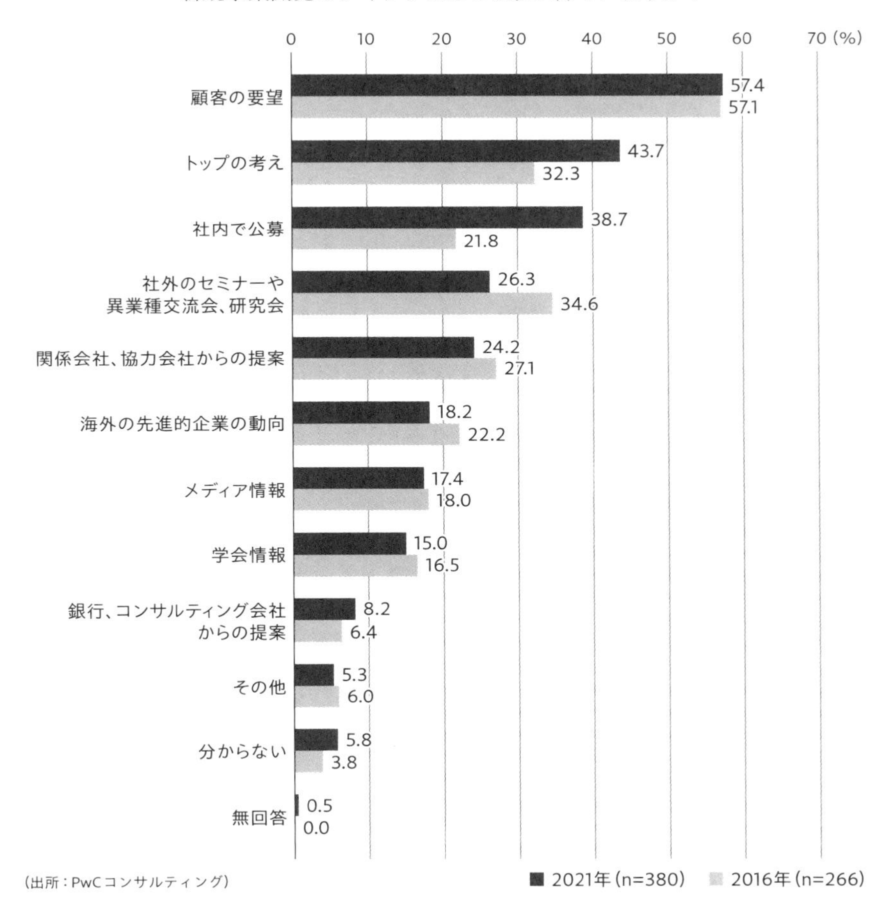

(出所:PwCコンサルティング)

募」(38.7%)。「社内で公募」は2016年では6位(21.8%)だったが、2021年では大幅にポイントを伸ばし、3位に浮上している。

これらの結果から、新規事業テーマについては、これまではトップを中心とする一部の上層部メンバーで検討されてきたが、この5年の間に、社内から広く意見を募る体制を設ける企業が増えている傾向が見受けられる。また、図表には記載していないが、部品メーカーのカテゴリーにおける2021年の結果でも「顧客の要望」が1位、続いて「トップの考え」が2位で、製造業全体に比べ、この傾向がより顕著に表れていた。

●「新規事業開発の仕組みや取り組み」に関する製造業全体の調査結果(質問:あなたの勤務先企業・機関では、新事業開発に関する特別な仕組みや取り組みがありますか?)

——2016年と2021年で大きな違いが見られる。両年とも1位は「特にない」(2016年:47.4%、2021年:34.5%)だが、割合を見ると、5年間で10ポイント以上改善している。2位は「資源(ヒト、モノ、カネ)を優先的に投入する」(2016年:21.8%、2021年:31.3%)、3位は「新規事業開発のリーダーへ権限を委譲する」(2016年:18.4%、2021年:26.6%)で、順位は両年とも変わっていないが、それぞれの項目の割合は5年間で10ポイント近く上昇している(図表2-6)。

これらの結果より、新規事業の仕組みや取り組みの改善は5年間でかなり図られたことが見受けられる。また、図表には記載していないが、部品メーカーのカテゴリーにおいてもこの傾向は同様だった。

ここまでに紹介した6つの結果から、部品メーカーにおける新規事業の目的や取り組みは以下のような状況であるとまとめられる。

- 新規事業の必要性は各社とも強く感じており、特に、短期的な事業成果を目的とした新規事業が急務という認識が強い。
- 新規事業で力を入れているのは「既存の市場・顧客に、新たな商品・サービスを届ける」領域が多く、それを実現する上で、これまで培ってきた技術力を基軸として新規事業テーマに取り組んでいる企業が多い（「飛び地」を狙った突飛なテーマより、「地続き」*のテーマに取り組む傾向が強く、その方が成功しやすい認識がある）。
- 新規事業のアイデアは「顧客要望」から抽出していることが多い。
- 新規事業の仕組みや取り組みの整備はこの5年間でかなり進めてきているが、いまだに未整備である企業も多い。

＊既存製品・サービス＆新規市場、もしくは既存市場＆新規製品・サービス領域のテーマ

図表2-6　新規事業開発の仕組みや取り組みについて

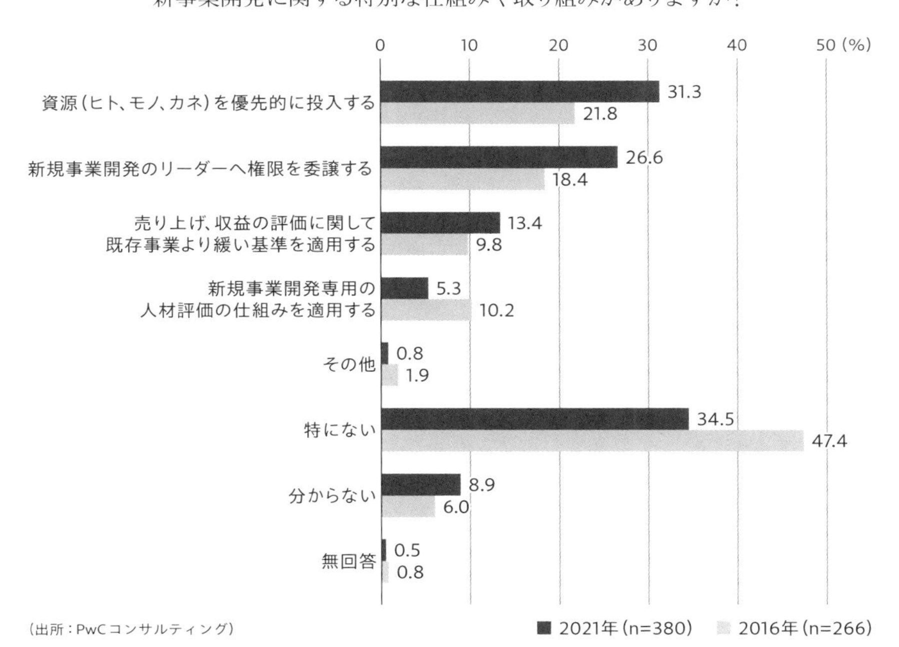

（出所：PwCコンサルティング）

新規事業の成否の状況、成功／失敗要因

それでは続いて、取り組んでいる新規事業テーマの成否の状況や、成功／失敗要因についての調査結果を見ていく。

●「新規事業の成否」に関する製造業全体の調査結果（質問：あなたの勤務先企業・機関の新規事業開発に関して、どのように思いますか?）

――2016年、2021年ともに「新規事業がうまくいかない（うまくいくものはほとんどない＋うまくいくものは少ない）」という回答が6割を超える結果（2016年：67.6%、2021年：63.4%）となっており、新規事業開発の難しさ

図表2-7　新規事業開発の成否について

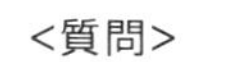

あなたの勤務先企業・機関の新規事業開発に関して、どのように思いますか?

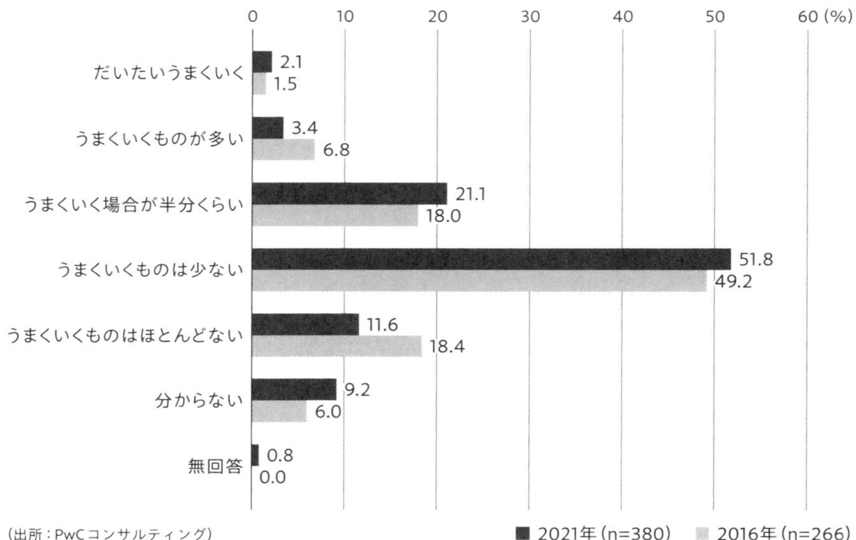

（出所：PwCコンサルティング）

を表している(図表2-7)。また、図表には記載していないが、部品メーカーのカテゴリーにおいても同様の傾向が見られた。

●「新規事業開発の成功要因」に関する製造業全体の調査結果(質問:あなたの勤務先企業・機関の新規事業開発のうち、うまくいったものには次のどれがあてはまりますか?)

――2016年、2021年ともに「顧客ニーズとの高い適合性」が1位(2016年:50.0%、2021年:65.3%)で、「経営トップの意識・意欲が高い」(2016年:40.0%、2021年:42.6%)が2位、「技術力の高さ」(2016年:38.6%、2021年:39.6%)が3位で、上位3項目は変わっていない(図表2-8)。一方、部品メーカーのカテゴリーにおける2021年の結果では、「顧客ニーズとの高い適合性」が1位、「技術力の高さ」が2位、「市場の規模の大きさや成長性の高さ」が3位であり、部品メーカーにおける新規事業開発の成功にとって、参入する市場の規模や成長性の大きさも特に重要な要素であることが示唆された。

●「新規事業開発の失敗要因」に関する製造業全体の調査結果(質問:あなたの勤務先企業・機関の新規事業開発のうち、うまくいかなかったものには次のどれがあてはまりますか?)

――2016年と2021年で傾向に違いがあった。2016年では「新規事業開発の進め方や方法が不適切」が1位(31.7%)、僅差で「顧客ニーズに適合しない」(31.1%)が2位と続く。その後は「販売力の弱さ」(30.6%)、「新規事業開発を推進する組織・体制の欠落」(29.4%)、「技術力の低さ」(28.9%)と続いていくが、1位から5位までが3%以内に収まる差であり、様々な失敗要因が散在している傾向が見て取れる(図表2-9)。

これに対して、2021年では上位の要因が集約傾向にあり、「顧客ニーズに適合しない」が1位(40.2%)で、2位が「競合相手が多い」(32.0%)、3位が僅差で「市場の顕在化タイミングとの乖離」(31.5%)と続き、この上位3

図表2-8　新規事業開発の成功要因について

<質問>
あなたの勤務先企業・機関の新規事業開発のうち、
うまくいったものには次のどれがあてはまりますか？

図表2-7で「だいたいうまくいく」「うまくいくものが多い」と回答した企業のみを対象に調査。

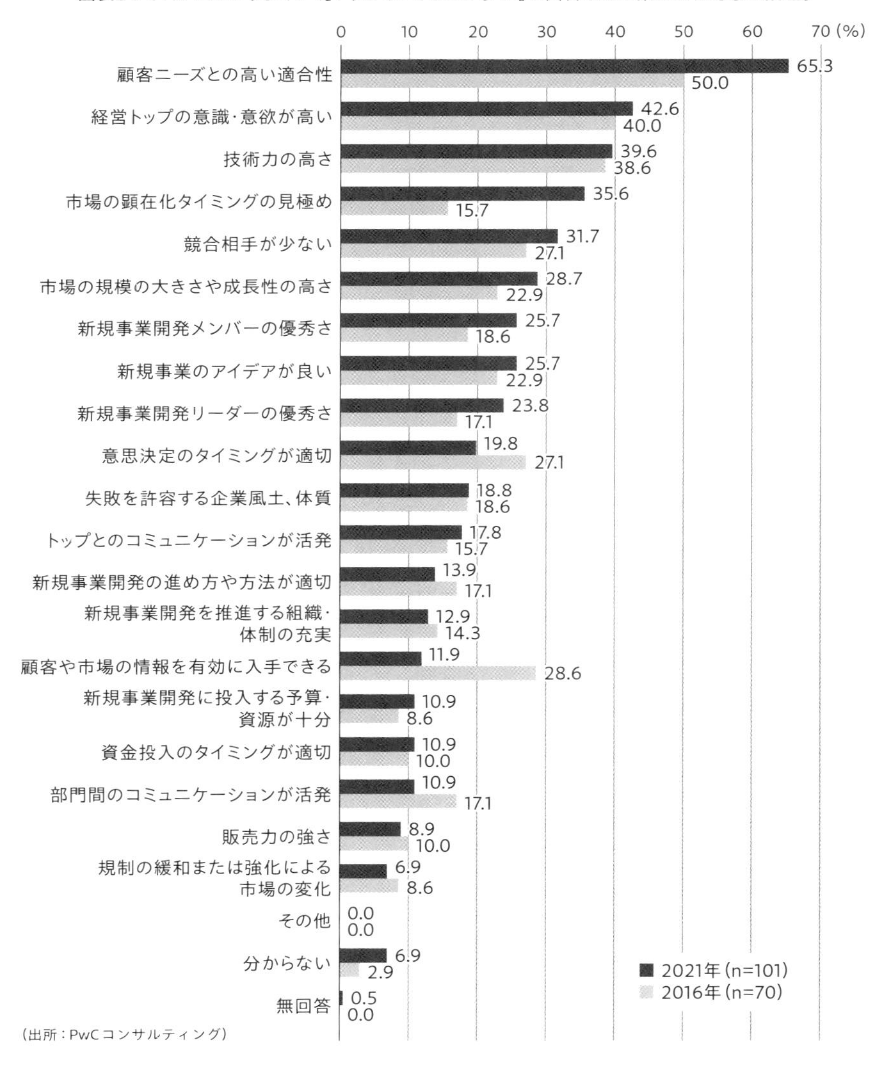

（出所：PwCコンサルティング）

図表2-9　新規事業開発の失敗要因について

<質問>
あなたの勤務先企業・機関の新規事業開発のうち、
うまくいかなかったものには次のどれがあてはまりますか？

図表2-7で「うまくいくものはほとんどない」「うまくいくものは少ない」と回答した企業のみを対象に調査。

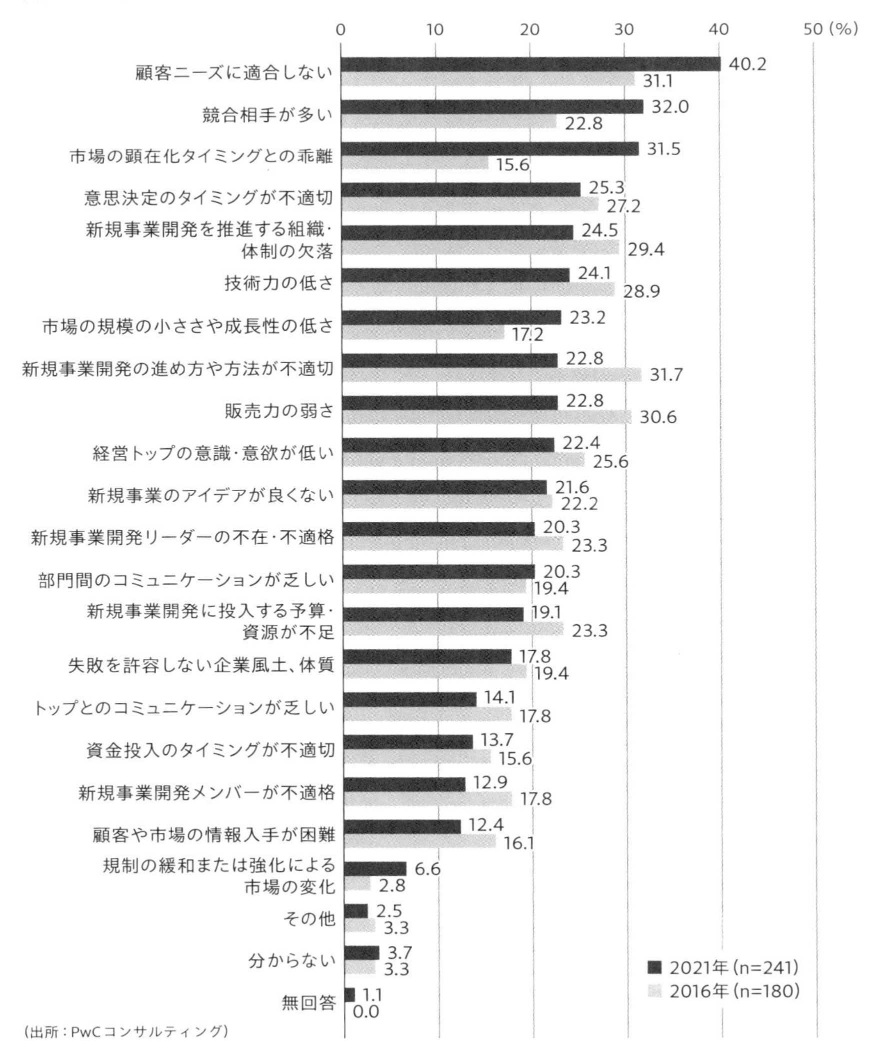

（出所：PwCコンサルティング）

項目が主な要因と捉えられる結果だった。また、部品メーカーのカテゴリーにおける2021年の結果では「競合相手が多い」が1位、「顧客ニーズに適合しない」「市場の顕在化タイミングとの乖離」が同率2位だった。

これらの結果から、部品メーカーにおける新規事業の成否には、以下のようなことがポイントになると考えられる。

- 新規事業の成否を分ける最大要素は、「規模の大きな市場へのフォーカス」と「顧客ニーズへの適合度合い」
- 顧客ニーズは顕在ニーズだけでなく、潜在ニーズ（市場の顕在化前の顧客ニーズ）への対応も重要
- 市場を精査した上で、強い技術に立脚し、競合に勝利できる新規事業テーマを企画・開発すべき

これらの新規事業実態調査結果から見えてきた、新規事業の目的や取り組みのまとめと、新規事業成否のポイントを総括すると、部品メーカーにおける新規事業成功への示唆が得られる。

- 多くの部品メーカーが取り組んでいるように、「飛び地」を狙わず、「地続き」のテーマに取り組む
- 規模の大きな市場・成長率の高い市場にフォーカスし、顧客の潜在／顕在ニーズの両方を抽出する
- 顧客の顕在ニーズ抽出には顧客へのヒアリングなどを十分に行い、潜在ニーズ抽出にはヒアリングに加えて、各種の手法・ツール（詳細は第4章にて説明）を活用する（ヒアリングだけでは潜在ニーズ抽出は難しい）
- 自社の強い技術を起点に切り開ける有望市場（規模の大きな市場・成長率の高い市場）を探索・開拓する

次の章では、新規事業開発や将来の事業拡大に向けた取り組みをうま

く進めている部品メーカーの事例から、各企業が上記のポイントにどのように取り組んでいるのかを見ていく。

●「新規事業実態調査」の対象業種

本章で紹介した「新規事業実態調査」の回答者が所属する業種は、以下の通りである（図表2-10）。日経BP社の製造業向けニュース配信サービスの読者を対象に、URLを告知した上で回答を依頼した。2016年2月に実施した調査では266、2021年4月に実施した調査では380の回答を得た。

図表2-10　新規事業実態調査の回答者所属業種

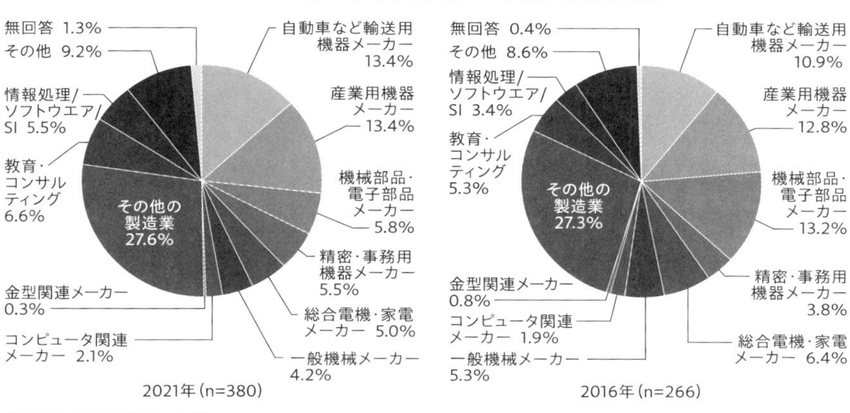

（出所：PwCコンサルティング）

第3章

先進的な取り組みを進めている部品メーカーの事例

本章では、新規事業展開での成功を通じて、企業全体として売上高や利益を大きく伸ばした企業の事例を基に、成長戦略に向けたポイントを見いだしていく。ポイントは以下の6点だ。

(1) 既存事業との相乗効果の創出、そして最大化を目指す
(2) 市場／顧客を広く捉える
(3) 適切な価格／タイミングでのM&A（合併・買収）
(4) M&AそのものよりもPMI（Post Merger Integration：M&A成立後の統合プロセス）
(5) 長期ビジョンに基づいた成長イメージの共有
(6) 基礎体力向上

(1) 既存事業との相乗効果の創出、そして最大化を目指す

A社は、これまでに多くのM&Aを実施し、自社グループの拡大に取り組んできた。かつては家電やPC向けの部品を主力としていたが、現在は自動車部品も手掛けている。自社技術と買収した会社の技術を組み合わせたり、買収した子会社同士の技術を組み合わせた商品を開発したりすることで売り上げ拡大を実現。今では、電気自動車の根幹となる部品にも参入している。同社の新たな領域（車載部品など）での売り上げ拡大は、自社の既存技術だけでは達成が難しかったと考えられる。自社の持っていない技術をM&Aを通じて継続的に取り込むことで、ポートフォリオを拡大できた成功事例といえる。

B社は、M&Aの対象企業を探す上で、「自社にない部分をぴったり埋め合わせてくれる会社を探すことは困難だ」と考えている。既存事業と買収対象企業／事業のつなぎに当たる部分を新たな研究開発で埋め合わせたり、重複する分野についてこれまでと違う領域に挑戦したりすることが必要だと捉えている。単純な足し算ではなく、掛け算になるような

シナジー効果を創出するには、買収する会社と買収される会社の違いを見極め、相互補完の考え方を重視することが必要不可欠であると読み解ける。

C社の考え方は、M&Aによって「大きな塊」となる買収先の企業や事業を取得し、その隙間にある足りない部分を自社技術で埋めてシナジーを創出するというものである(図表3-1)。自社が従来持っている技術だけでは、あるいは買収した企業の技術の活用だけでは実現し得ない製品であっても、両社の相互補完や協業という基盤があれば開発が可能になり、どこよりも早く魅力的な製品として市場に出せると捉えているようだ。

(2) 市場/顧客を広く捉える

M&Aを行う目的には、自社の持っていない技術や製品を獲得することに加えて、市場や顧客軸(いわゆる「商圏」)を獲得するためという例も

図表3-1 大きい塊を買収、隙間を自社技術開発などで埋める

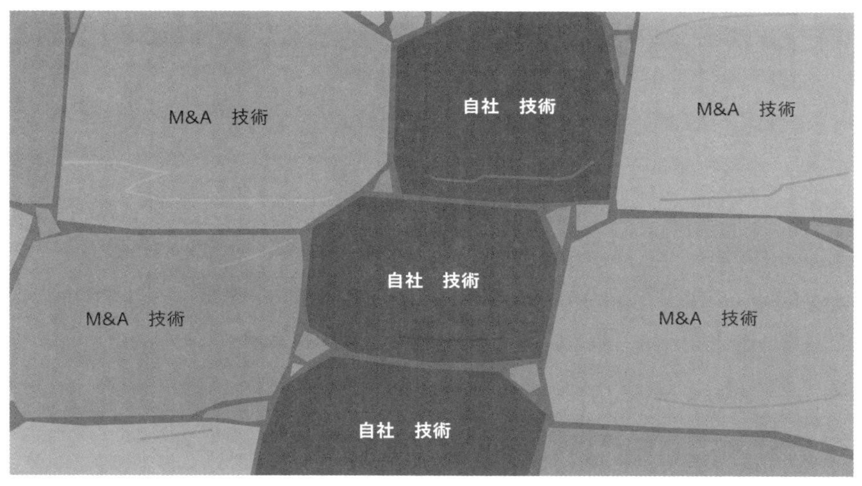

(出所:PwCコンサルティング)

珍しくない。自社で展開していない地域でのビジネスを迅速かつ的確に立ち上げるために、その地域に強い販路を持つメーカーを買収するケースや、従前から取引関係のある販売代理店と資本関係を深めるための買収などがある（図表3-2）。

D社は、「人口の減少が見込まれる日本では成長余地が限られる」と捉え、海外市場を積極的に開拓。さらに大きな成長を求め、M&A戦略を推し進めた。新興国においては、人口の増加に加えて1人当たりGDPの拡大によって製品普及率の上昇が見込まれること、北米や欧州においては普及率の上昇に加えて、製品の高付加価値化（機能向上、省エネ化など）が見込まれることなどが背景にあった。市場を大きく捉えて「成長の限界」を取り払ったことが、同社の持続的な成長を可能にしたといえる。

E社は、市場／顧客軸の課題に対してだけでなく、製品や技術軸の検討なども踏まえた総合的な経営判断が、新規事業の成功と、売上高の大幅な増加につながった事例だ。同社の既存製品は、省エネ性能などに強

図表3-2　「商圏の獲得」と「技術の獲得」の2軸を見据える

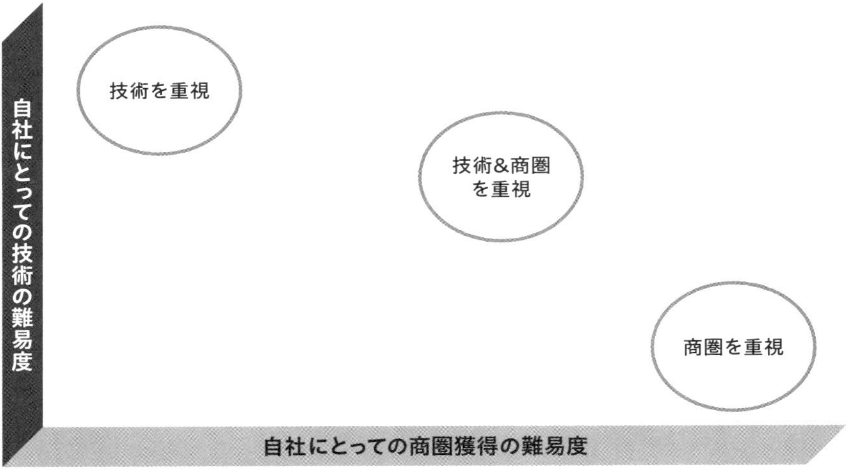

（出所：PwCコンサルティング）

みを持ち、日本市場で高いシェアを確保していた。米国市場に進出するにあたり、当初は日本で培った技術を前面に出して、シェアの拡大を目指した。しかし、米国では既に別の技術（米国方式）が一般化しており、日本の技術一辺倒では十分なシェアの獲得に至らなかった。そこで、同社は米国で一定の実績を持つ現地企業の買収に踏み切った。同社には、日本方式の技術的な利点に対する自負もあったが、買収を通じて米国方式の製品と技術を一気に獲得。日本方式と米国方式の両方を手にすることにより、米国特有の利用シーンを深く理解し、両方の選択肢をユーザーに提示できるようになり、同社は顧客獲得の確度を高められるようになった。それまで、同社自身の販売網・サービス網は、大手に比べると限られたものだったが、買収を通じて対象会社の販売網・サービス網も活用できるようになり、顧客サービスの水準も向上した。この事例では、M&Aは自社の文化を他社に広げるだけでなく、他社の文化を自社に取り込むプロセスであるとも理解できる。

（3）適切な価格／タイミングでのM&A

M&Aにおいては価格やタイミングが非常に重要だ。上場企業各社の決算を見ると、買収後に減損損失を計上する企業が後を絶たない。キャッシュフローに影響はないが、適切な価格でM&Aを実施し、着実に利益を出す必要がある。

Ｆ社の場合、早い段階からターゲットとなる事業について技術力の高さを評価していたが、実際に買収を実行するまでには十数年と長い年月をかけた。ターゲット事業の親会社が当初は売却に前向きでなかったことも背景にあるが、当該事業の赤字が継続し親会社が再建を断念するまで待つ必要があった。結果として、Ｆ社にとっては赤字事業の買収となり、価格は当初の想定より割安になった。景気動向や当該企業／事業の業績は、買収価格に影響を与える。自社にとって最適なタイミングを見定める大局観も必要といえる。同社の場合、長い時間をかけてじっくり見極めることもあれば、逆に時間の価値を重視し、短期業績に基づく企業価値評価では割高に見える価格で買収を行うこともあった。例えば、自社にない技術を持ち、かつ早期に既存事業とのシナジー効果が見込まれる企業のケースだ。安く買えるのに越したことはないが、買収を通じて早期にシナジー効果を創出し、新規事業の売り上げ拡大ペースを加速させることも重要だ。逆に、シナジー効果の早期創出を期待できる案件は少ないため、機会損失も考慮に入れる必要がある。自社の技術力や営業力などを正しく把握し、M&Aによる相乗効果を柔軟に算定する能力を備えておくことがポイントといえる。

(4) M&AそのものよりもPMIが重要なPMI

M&Aを通じて成長を加速させてきた企業の多くが、「M&Aそのものよりも、PMI(Post Merger Integration:M&A成立後の統合プロセス)の方が重要である」と指摘している。「買収の成否は、契約に至るまでが2割、買収後が8割」と指摘する経営者もいる。買収プロセスの完了をゴールとせず、継続的なシナジー効果の創出を訴求していく必要があるのだ。

G社が買収対象とした事業は、親会社からは成長部門と見なされず、士気が低下していたという。同社の経営トップは、買収の発表後にできる限り早いタイミングで買収先に出向き、自ら何度も経営理念を説くようにしているそうだ。「これまで十分な投資も得られず社内での地位が低かった従業員に、新しい経営体制の下での位置付けをきちんと説明し、成長の牽引役であるとの認識を持ってもらうことが重要である」と強調している。

H社は、買収後も大幅な人員削減などを実施せず、経営陣の刷新も行わないとしている。買収当初は本社から人員を派遣して経営方針の浸透を図り、管理体制再構築のサポートはするものの、再建の完了とともに本社からの派遣人員を引き上げて、従来の経営陣に任せるそうだ。管理体制の整備を通じて従業員のモラルや規律をあるべき姿にする一方で、経営陣やブランドを存続させることで、従業員に安心感を与えるわけだ。さらに同社は、「新しいグループの中での役割や目標を明確に示すことで、従業員のモチベーションは大きく向上した」と言う。売上高人件費比率が高い状況では人員の削減に手を付けたくなるが、従業員の士気が上がると生産性も向上する。そうした意味で、買収後はリストラよりも、PMIこそが重要なプロセスといえる。

I社は大型買収を発表した直後の投資家向け説明会で、期待できるシナジー効果について丁寧に説明した。同社内におけるM&A経験者などと事前に十分な準備を行い、定量化が可能なシナジー効果については期待金額を示し、買収時点で定量化できないものについても多数のシナジー効果メニューを示した。その結果、「経営トップ自らが外部に発信することにより、経営トップの熱意が従業員全体に伝わり、シナジー効果の最大化に向けて一致団結した行動がとれるようになった」という。また、外部への発信は「経営陣のコミットメント」と位置付けられ、定量化目標の達成や、定性的なメニューの具体化に向けた動きが加速したそうだ。経営陣が早期から新規事業に深く関わり、新しいチャレンジを歓迎するメッセージを伝えることは、新規事業を成功に導く秘訣といえるだろう。

(5) 長期ビジョンに基づいた成長イメージの共有

これまで、M&Aを活用して新規事業開発を進めた事例を紹介してきたが、自律成長（オーガニックグロース）を通じて高い成長を実現してきた企業も数多く存在する。

J社はかつて、家電やAV機器向け部品を主力事業としてきたが、近年はPCなどのIT機器で発展した。さらに今日では、スマートフォンなどの通信機器、車載機器向けの売上構成比が高まっている。世界の技術進歩とともに活躍の場を広げてきた1社といえる。同社の場合、経営トップが大局観を持って成長領域を設定し、繰り返し社内外に向けて発信して、ビジョンを組織全体で共有してきた。家電やAV機器向け部品が主体の頃から、通信機器や車載機器の重要性を訴え続けてきたことが、現在の成長を支えているといえる。新規事業に携わる技術者は、経営トップのビジョンに支えられているという安心感を背景に、新規分野での製品開発に集中できた。また同社の場合、経営トップのビジョンとともに、ボトムアップ型ともいえる4つのロードマップを策定し、随時更新して活用することで、高い新製品売上比率（投入から3年以内の売上高構成比40%）の実現に貢献してきた。4つのロードマップのうち「市場のロードマップ」は営業本部が策定するもので、大きなマーケットの流れを素早く理解するための見取り図となっている。これを受けて、各国・各エリアの販売の現場が、顧客からのニーズを汲み取り「顧客ニーズのロードマップ」を策定する。開発部門は顧客のニーズなどを勘案しつつ「製品のロードマップ」を策定、R&D部門が「技術のロードマップ」へと落とし込む。経営トップのビジョンを見つつも、現場の声を反映できる仕組みを持つことが、新規事業の成長につながっているようだ。

(6) 基礎体力向上

この他、新規事業を成功させた企業を調査する中で、多くの企業が「継続的な基礎体力の向上」に取り組んでいる点が印象的であった。日本のお家芸ともいえるコスト削減を、売上高が伸びていても油断することなく継続して行う一方で、製造技術のブラックボックス化などにより、競合他社との差別化が図られるよう取り組んでいる。

また、多くの企業で技術部門のタコツボ化が課題として挙げられる中、成長企業では技術部門の人員を販売部門へ一時的に転出させるなど、「顧客の声を聞ける技術者の育成」に取り組んでいる例もあった。新規事業開発の特効薬を見いだすのは難しいことだが、地道な努力の継続も新規事業開発には不可欠な要素といえる。

第4章

部品メーカーが
新規事業の成功に向けて
取り組むべきこと

本章では、新規事業実態調査からの示唆（第2章）と、将来の事業拡大に向けた取り組みをうまく進めている部品メーカーの事例から得られた示唆（第3章）を踏まえて、部品メーカーが今後、新規事業の成功に向けて取り組んでいくべきことについて解説する。

新規事業の成功に向けて取り組むべき5つの視点

今後、部品メーカーが新規事業の成功に向けて取り組むべきこととして、次の5つの視点が挙げられる。

I. Commitment：経営トップの主導
II. Strategy：全社（経営）戦略の高度化
III. Discovery："強み"×"市場の魅力"×"顧客ニーズ"による領域探索
IV. Culture：新たなチャレンジの奨励と失敗や多様性が許容されるカルチャーの醸成
V. System：新規事業マネジメント基盤の整備

それぞれについて解説していく（図表4-1）。

I. Commitment：経営トップの主導

新規事業を成功させる上で、経営層の強烈なコミットメントは重要だ。第2章で紹介した新規事業実態調査でも、新規事業がうまくいっている企業の成功要因の第2位は「経営トップの意識・意欲が高い」だった（第2章の図表2-8「新規事業開発の成功要因について」参照）。また、第3章の事例からも、経営トップが魂のこもった中期経営計画を通じて社内外に成長への強い意欲をアピールし、それに整合させる形で経営資源を投じられる会社が、新規事業を伸ばし、業績を拡大できることがうかがえる。

よく、大企業における新規事業の成功には「運の要素も強くある」とい

図表4-1　新規事業の成功に向けて取り組むべき5つの視点

経営トップの主導

経営トップマターとして新規事業への経営資源の集中投入を明言し、成長へのコミットメントを社内外へ強烈に発信

全社（経営）戦略の高度化

全社の将来ビジョンを見据え、既存／新規事業を俯瞰して、経営資源をどのようなバランスで配分するかを具体化し、定期的に見直し

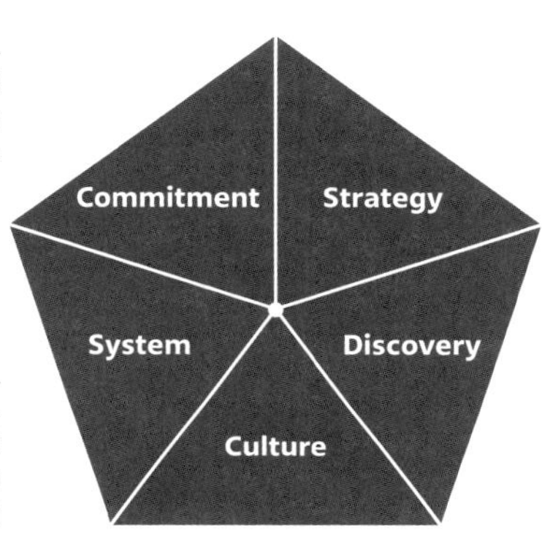

新規事業マネジメント基盤の整備

新規事業の定義を明確化したうえで、事業撤退基準、新規事業売上高比率、投資方法、新規事業に合わせた評価基準などを設定

"強み"×"市場の魅力"×"顧客ニーズ"による領域探索

「飛び地」ではなく「地続き」を主眼に、自社の強み、市場の魅力（規模、成長性など）、顧客ニーズの3軸で、有力な新規事業領域を探索

新たなチャレンジの奨励と失敗や多様性が許容されるカルチャーの醸成

トライ&エラーを連続させること、情報をオープンにすること、権限委譲を促進すること、様々な能力・特性を持つメンバーを組み合わせることを積極的に意識し、啓発教育を徹底

（出所：PwCコンサルティング）

われる。新規事業を開発している期間のキーパーソンや意思決定者が誰なのかによって成否が分かれる、ということだ。経営層が創業当時のことを知っている場合などは、新規事業がどのようなものかを肌身で感じていることが多く、新規事業に対して積極的な投資判断が行われやすい傾向にある。

しかし、経営層が既存事業しか担当していなかった、あるいは管理部門などの出身だと、新規事業と既存事業の違いや新規事業の難しさを本質的には理解していない、という場合もある。もちろん、経営層が新規事業開発の難しさを知識として持つことはできるが、いざという時の判断に際して既存事業の視点に立ち戻ってしまうケースも多く見られる。

このような場合、経営層に新規事業に対してコミットしてもらうために、実際の検討プロセスに直接関与してもらうことが有効だ。経営層自身が関与し、承認した事業計画であれば、無責任な投資のストップや企

画の取り潰しを実行しにくくなる。

全ての経営層が味方になることは難しいとしても、力のある経営層を味方につけ、新規事業開発を守ってもらう工夫は必要だ。その経営層に対しては、新規事業が軌道に乗るまで厳しい局面に立つことをあらかじめ理解してもらうためにも、担当者の熱意や将来の可能性を継続的に伝え、共創的な関係を構築していくことが重要だ(図表4-2)。

II. Strategy：全社（経営）戦略の高度化

新規事業を効果的・効率的に推進していく上では、いきなり新規事業の企画を場当たり的に立案するのではなく、その前工程に当たる全社(経営)戦略の立案段階で、既存事業と新規事業のバランスを見据えることが重要である。

各事業の将来予測を十分に行い、そこから得られるキャッシュフローを予測し、リスク＆リターンを考察。複数事業を俯瞰(ふかん)・横断して見て経営資源をどこへどう配分(投資)するかといった経営戦略を高度化し、その上で新規事業開発、研究開発、M&Aやアライアンスなど、新たなビジネスを探索・創造する戦略を立案することが成功のポイントになる。

第3章の成功事例でも、自社の将来の事業拡大の方向性をしっかりと吟味し、「飛び地」ではなく、既存ビジネスとのシナジーを考慮して企業買収・売却や新規事業開発を推進している企業が多く見られた。

一方、経営戦略が不明確なまま新規事業開発を進めなければならない場合、新規事業を検討している現場の方が経営層よりも市場との接点が近いため、「曖昧な上位(経営)戦略は、経営層に頼らず現場が具体化する！」くらいの意気込みで市場調査や検討を進めていくのがよいだろう。

そして、そのような中で収集・蓄積した情報を経営企画部門などにフィードバックし、曖昧な経営戦略を具体的に練り上げていくサイクルを回すよう経営層に促していくことも重要だ(図表4-3)。そうすることで上位の経営戦略がより最適な目標や方向に改善・具体化され、それに沿って新規事業開発も推進しやすくなる。

図表4-2　新規事業に理解ある経営層を巻き込み、コミットメントを獲得する

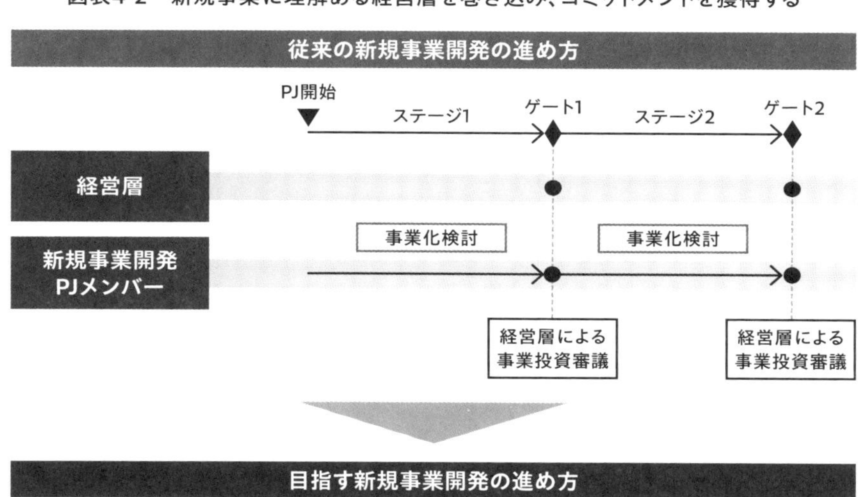

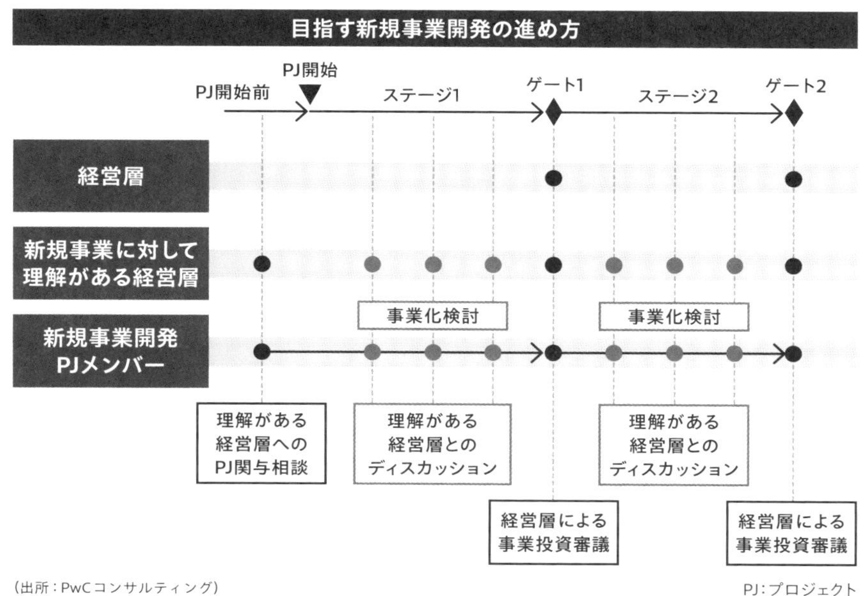

（出所：PwCコンサルティング）　　PJ：プロジェクト

図表4-3　上位戦略への情報のフィードバックサイクル

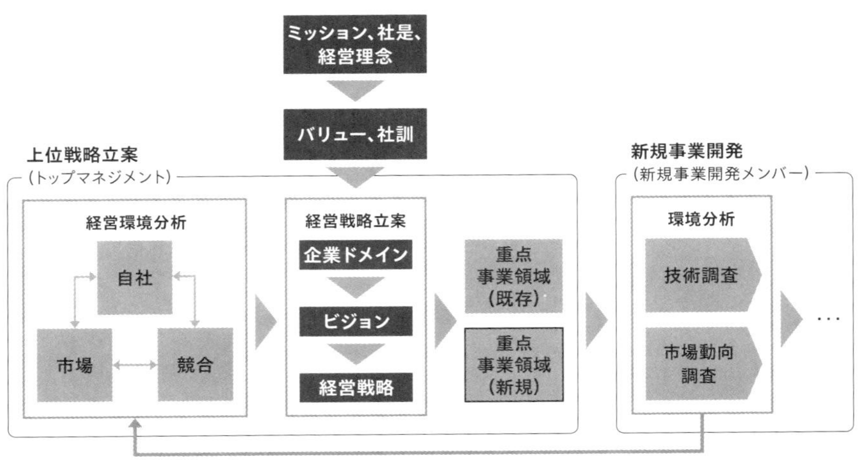

（出所：PwCコンサルティング）

III. Discovery：
“強み”×“市場の魅力”×“顧客ニーズ”による領域探索

新規事業がうまくいっている企業の特徴として、自社が保有する強み（技術、ブランド、製造・販売拠点など）を起点に、ポテンシャルが高い市場（市場規模が大きい、市場成長率が高い）に参入し、そこに存在する顧客の顕在／潜在ニーズを的確に捉えて、新たな製品・サービスを展開しているという点が挙げられる。いわば、「飛び地」ではなく「地続き」を主眼とした新規事業開発に取り組んでいるわけだが、このような領域を定期的に探索し続けることが重要だ。

●目的を明確にして「自社の強みの棚卸し」を行う

これを実現するためには、まず自社の強みを明確にする必要がある。第2章で紹介した新規事業実態調査では、部品メーカーを含む製造業各

図表4-4　「技術」とは何か？

「科学」と「技術」の違い

比較する視点	科学（Science）	技術（Technology）
目的	自然現象の**「解明」**	自然現象の**「利用」**
概要	普遍的な原理を発見する活動	普遍的な原理を利用して、役立つ新しい機能を創造する活動
答え	1つ	複数
求められること	発見した法則や原理の普遍性、正しさ	発明した技術や製品の機能の良さ、再現性、安定性、経済性

「科学」と「技術」の4階層

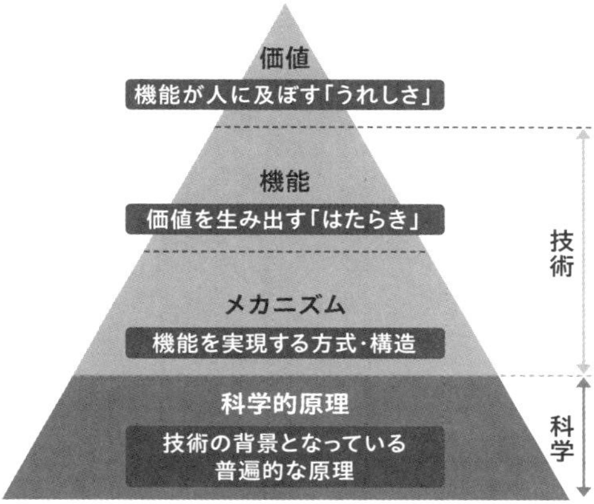

価値
機能が人に及ぼす「うれしさ」

機能
価値を生み出す「はたらき」

メカニズム
機能を実現する方式・構造

科学的原理
技術の背景となっている普遍的な原理

技術（機能・メカニズム）
科学（科学的原理）

（出所：PwCコンサルティング）

社において、新規事業で活用する自社資源は「技術力」であると答えた割合が最も高いという結果であった（第2章の図表2-4「新規事業で重視している自社資源について」参照）。

ここで「技術とは何か？」について考えてみたい。技術と混同されやすい「科学」と対比すると分かりやすいだろう。科学の目的は自然現象の解明であり、1つの真理を追究することだ。一方、技術の目的は自然現象の利用であり、ある目的（解決したい課題への対応）を実現するための方法を創造することで、答えは複数ある。

したがって、技術とは課題解決の手段であり、目的に当たる課題解決（ターゲット顧客の困りごとやニーズの解決など）の内容が明確でないと、活用すべき技術は特定できない（図表4-4）。

自社の強みを明確にするため、技術を棚卸しして技術体系一覧表を作成する際には、上記のような技術のあり方や意味を常に意識することが重要だ。よく、技術体系一覧表を作成したのはよいものの、技術の棚卸しを何のために実行したのか今ひとつ明確でなく、新規事業テーマの創出に結び付いていかないケースを目にする。また、「プロダクトアウト」と揶揄されるように、技術を起点に新規事業テーマを開発したものの、顧客ニーズに適合しておらず販売不振に陥るケースも多々ある。このようなことにならないよう、技術に基づく「提供ソリューション」と「価値」、顧客の問題点や困りごとに基づく「市場・顧客」を必ずひも付けて新規事業テーマを探索することが重要だ（図表4-5）。

また、自社の強みは技術に限らない。第3章の事例では、自社のブランド活用や、グローバルに展開している販売拠点網を活用して新規事業を展開しているケースもあった。このように、各社がこれまで蓄積してきた、強みとして活用できる経営資源を組み合わせて新規事業テーマを抽出していくことが成功のポイントだ。

●「フェルミ推定&検証水準管理」で市場の魅力の推定精度を段階的に上げる

新規事業開発の初期段階で行う市場調査は、どうしても不確実な概算予測値になってしまう。市場の新規性が高いほど調査に必要な情報が存在せず、収集可能な範囲の情報から市場規模を予測せざるを得ない。そのため、この段階では、明確な根拠のない、数字が操作されたような調査から市場規模を算出するといったケースも多々見られる。

当然、まだ存在しない市場の規模を算出するのは推測に過ぎず、その時点での正解はない。しかし、新規事業に投資するには、どの程度の事業規模になりそうかを見極めなければならないため、根拠のない算出結果ではなくロジックに基づいた根拠のある算出結果を提示し、その根拠にどれほどの確実性が伴っているかを吟味していくことが必要だ。

新規事業開発の初期段階で限られた情報に基づき、概算の市場規模を論理的に算出していくための1つの方法としては「フェルミ推定」が有名だ。実際の調査が難しく直感では見当のつかないような数量を、所有している情報を基に論理的に推定し、概算値を算出する方法である。これ

図表4-5　「提供ソリューション」「顧客価値」「市場・顧客」のひも付けイメージ（自動車業界）

自動車構成品						自動車以外の情報		価値貢献する内容		問題点・困りごと	対象市場			
エンジン		足回り		その他センサー										
モノ	データ	モノ	データ	モノ	データ	データ		種別	概要		一般	トラック	タクシー	他業界
○	○			○	○			安全	加速状況と障害物までの距離を基に、衝突の恐れがあれば加速を抑制する	アクセルとブレーキの踏み間違いによる衝突事故が多発している	○			
		○	○					コスト 時間	タイヤに取り付けたセンサーで空気圧や温度を測定し、メンテナンス前に警報を発する	タイヤメンテナンスに時間がかかり、輸送効率が落ちる		○		
○	○			○	○	○	•事故実績	安全 コスト	加減速状況や前方車との距離からドライバーの安全運転レベルを判定し、ユーザーが満足する保険料を算出する	事故実績だけで保険料を算出するとペーパードライバーのそれが安くなり不公平感がある	○	○	○	○
				○	○	○	•需要情報 •ユーザー位置情報	コスト 時間	近隣のイベントなどの情報から需要を予測してタクシーを最適配車する 双方の位置情報を活用してユーザーとタクシーを最適マッチングさせる	タクシーの需要と供給のバランスがとれず、タクシーにとって機会損失、ユーザーにとってストレスになる			○	
				○	○	○	•需要情報 •空地情報	コスト	需要にマッチする台数のシェアリングカーを配置する	所有・維持コストが高い	○			○
				○	○	○	•鉄道運行情報 •シェアリングサービス情報	時間 その他	自動車位置情報から渋滞を予測し、必要に応じて他の移動手段を推奨する(MaaS)	交通渋滞に巻き込まれる 自家用車からの排ガスによる大気汚染	○		○	○
○	○			○	○	○	•気象情報	その他	加速状況やワイパー稼働状況から、路面状態や降水有無・降雨量を把握する	衛星から得られる雨雲情報だけでは、精細な降水予測ができない				○

提供ソリューション　　**価値**　　**市場・顧客**

●―― シーズ起点のニーズ抽出 ――→

←―― ニーズ起点の解決ソリューション抽出 ――●

（出所：PwCコンサルティング）

Maas：Mobility as a Service

に「検証水準管理」という手法を組み合わせることで、段階的に推定値の精度向上を図ることが可能になる（図表4-6）。

検証水準管理とは、フェルミ推定で登場する各パラメーターに、データの信頼性を可視化する検証水準を設定し、段階的に精度を上げていくものだ。水準が低いパラメーターについては継続的に検証作業を行い、データの精度を上げていく。

＜パラメーターの検証水準の設定例＞

- 水準1：根拠となる情報のない値（鉛筆をなめた値）
- 水準2：インターネットなどから入手できる2次情報を根拠とした値

図表4-6　フェルミ推定&検証水準管理

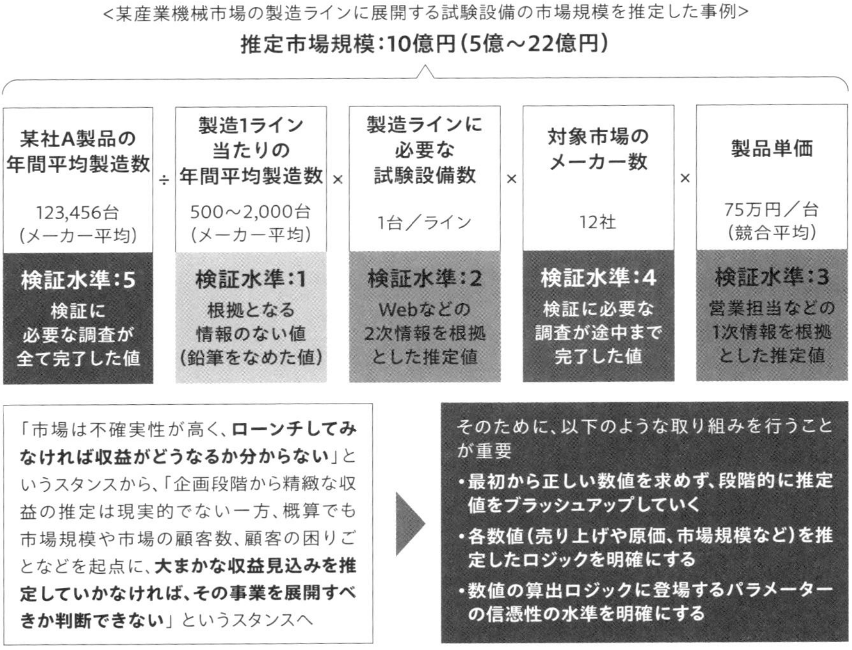

<某産業機械市場の製造ラインに展開する試験設備の市場規模を推定した事例>

推定市場規模：10億円（5億～22億円）

某社A製品の年間平均製造数	÷	製造1ライン当たりの年間平均製造数	×	製造ラインに必要な試験設備数	×	対象市場のメーカー数	×	製品単価
123,456台（メーカー平均）		500～2,000台（メーカー平均）		1台／ライン		12社		75万円／台（競合平均）
検証水準：5 検証に必要な調査が全て完了した値		**検証水準：1** 根拠となる情報のない値（鉛筆をなめた値）		**検証水準：2** Webなどの2次情報を根拠とした推定値		**検証水準：4** 検証に必要な調査が途中まで完了した値		**検証水準：3** 営業担当などの1次情報を根拠とした推定値

「市場は不確実性が高く、**ローンチしてみなければ収益がどうなるか分からない**」というスタンスから、「企画段階から精緻な収益の推定は現実的でない一方、概算でも市場規模や市場の顧客数、顧客の困りごとなどを起点に、**大まかな収益見込みを推定していかなければ、その事業を展開すべきか判断できない**」というスタンスへ

そのために、以下のような取り組みを行うことが重要

- **最初から正しい数値を求めず、段階的に推定値をブラッシュアップしていく**
- **各数値（売り上げや原価、市場規模など）を推定したロジックを明確にする**
- **数値の算出ロジックに登場するパラメーターの信憑性の水準を明確にする**

（出所：PwCコンサルティング）

- 水準3：営業担当などからの1次情報を根拠とした値
- 水準4：検証に必要な調査が途中まで完了した値
- 水準5：検証に必要な全ての調査が完了した値

そして、さらにこれをプロセス管理の対象としていく。例えば、「新規事業開発の初期段階では各パラメーターの検証水準は2まででよいが、具体化検討が完了する時点では水準が4まで達していないとその先には進めない」などのように、新規事業開発の各節目で達成すべき検証水準を設定・管理していく。

●市場・顧客ニーズを分類し、適した方法でアプローチする

第2章で紹介した新規事業実態調査では、顧客ニーズとの適合が新規事業開発の成否に大きく寄与することが分かった（第2章の図表2-8「新規事業開発の成功要因について」、図表2-9「新規事業開発の失敗要因について」参照）。

市場・顧客ニーズには、大きく分けて「顕在ニーズ」と「潜在ニーズ」の2つがある。これはさらに、「顧客から見たとき」と「自社から見たとき」の2つの視点に細分化でき、全体的には5パターンのニーズに対するアプローチが考えられる（図表4-7）。

図表4-7で示しているZone Aは、顧客がニーズに気づいていて、製品・サービス提供者も顧客のニーズに気づいている領域だ。ここでは、見えている顧客ニーズにいかにスピーディーに対応できるかがポイントになる。

Zone Bは、顧客はニーズに気づいている一方で、製品・サービス提供者は顧客のニーズに気づいていない領域だ。

ここでは、既に顕在化しているニーズを製品・サービス提供者がいかにキャッチアップするかがポイントで、顧客との対話を増やしてVOC（Voice of Customer）を集める、顧客満足度調査を行ってそこからキャッ

チアップする、同一顧客に対して競合他社がアプローチしている内容を調査・分析するなどして、ニーズに対応できる。

Zone Cは、顧客は潜在的なニーズにまだ気づいていない一方で、製品・サービス提供者は「恐らく今後、顧客がこういった課題に気づくことで、ニーズが顕在化するだろう」と想定できている領域だ。これは顧客の潜在ニーズへアプローチするチャンスとなるため、顧客に対して将来の目指す姿を提起し、その実現に向けたロードマップや、顧客が必要としそうな製品・サービスの提案がポイントになる。

図表4-7　市場・顧客ニーズの捉え方と各領域におけるアプローチ

顧客＼自社		顕在	潜在
顕在		**見えているニーズへのスピード対応** 顕在化ニーズへの対応は競合も多く、コモディティー化しやすいため、自社ならではの付加価値を確保しつつ、とにかくスピーディーな対応を心掛ける Zone A	**市場・顧客ニーズの調査・分析** 既に顕在化しているニーズを把握するためのヒアリングやリサーチを実施（VOC分析、顧客満足度調査、競合動向調査…など） Zone B
潜在	短中期ニーズ	**顧客への企画・提案力強化** 顧客に対して将来の目指す姿を提起し、その実現に向けたロードマップや、必要となるソリューション（製品・サービス）を提案 Zone C	**市場・顧客ニーズ抽出手法を駆使した顧客研究** 各種の市場・顧客ニーズ抽出手法を活用し、顧客が気づいていない課題や、今後懸念されることなどを先行して調査・分析（市場調査・分析、顧客行動分析、ビジネスモデルマップ、IoTエコシステムマップ、課金モデル分析…など） Zone D
潜在	中長期ニーズ	（Zone C）	**バックキャスト型「未来創造」** 現状の延長線で予測できない未来に対して、起こり得る未来を斬新な発想（バックキャスト）で描き、その未来を自ら主体的に創造していく「未来予測」→「未来創造」へ Zone E

（出所：PwCコンサルティング）

Zone Dは、短中期の時間軸において、顧客も潜在的なニーズに気づいていないし、製品・サービス提供者も顧客のニーズに気づいていない領域だ。この領域のニーズを顕在化するには、顧客の日常的なビジネス上の行動を分析したり、顧客のビジネスの将来像や変革すべきポイントを分析・研究したりすることで、製品・サービス提供者が顧客よりも先に顧客の将来の課題・ニーズに気づくように工夫することがポイントだ。

Zone Eは、Zone Dの中長期版で、顧客ニーズの抽出において最も難易度が高い領域だ。この領域のニーズを抽出するには、「バックキャスト型未来創造」という手法を駆使して、現状の延長線上では予測できない未来に対して、起こり得る未来を斬新なアイデアで発想し、その未来を自ら主体的に創っていくというスタンスで、顧客や業界団体などを巻き込んでいくことが求められる。第3章で紹介した事例の中にも、このような取り組みを進めている企業がある。

このように、顧客ニーズとひとことで言っても様々な領域のニーズが存在する。新規事業を検討する上で、どの領域の顧客ニーズ抽出が不十分なのか、どの領域のニーズを狙うのかなどを明確にし、その領域に適した手法やツールを活用して顧客ニーズ抽出を行うことが重要だ。

IV. Culture：新たなチャレンジの奨励と失敗や多様性が許容されるカルチャーの醸成

新規事業開発は不確実性が高く、リスクを伴う活動であるため、新規事業メンバーは周囲からの理解を得られず、批判や抵抗を受けることも少なくない。既存事業の運営メンバーに求められる資質・能力・価値観と、新規事業メンバーに求められるそれは大きく異なり、会社の収益の多くを稼いでいる既存事業部門からはなかなか理解されにくい面がある。

そのような中で、新規事業の失敗が許容されるカルチャーを組織的につくっていく上では、失敗や多様性を許容するスローガンを掲げる程度の取り組みでは不十分で、組織構造や仕組み・ルールといった「ハード面」と、啓発教育をはじめとする「ソフト面」の両方を整備していく必要がある。

最近では、新規事業の運営が既存部門に阻害されるという状況を避けるため、別の組織を新たに設立して行う「出島戦略」を採る企業が増えてきた。また、仕組み・ルール面では撤退基準の整備がとても重要になる。こちらは次項で詳述する。

啓発教育に関しては、経営層に対して自社が置かれている経営・事業環境や、今後の企業経営における新規事業の必要性を訴求することの重要さは言うまでもない。それに加えて、新規事業開発の難しさや次世代を支える事業に成長するまでの時間的な長さ、新規事業の成否のポイントと経営マターのアジェンダを定期的・継続的に訴求してディスカッションさせ、「批判から提案へ」「傍観から参画へ」といったメッセージを発信し続けなければならない。徐々に新規事業に味方してくれる経営層、その他メンバーを増やし、新規事業開発を組織的に盛り上げていくことが重要である。

V. System：新規事業マネジメント基盤の整備

これまでI～IVで述べてきた内容に加えて、新規事業開発を円滑に推進していくためのマネジメント基盤を整備することが重要だ。整備する内容には主に以下のようなものが挙げられる。

（1）新規事業の「撤退基準」の整備

（2）「新規事業売上高比率」の整備

（3）「分散投資＆マイルストーン投資」による合理的な投資プロセスの整備

（4）新規事業に合わせた「評価基準・育成システム」の整備

それぞれについて解説していく。

(1) 新規事業の「撤退基準」の整備

新規事業開発を推進する際には、あらかじめ撤退基準を設定しておくことが重要だ。撤退基準が設定されていない場合、経営層や事業開発責任者などのトップマネジメントの決断が遅れ、本来は止めるべきなのにだらだらと続けてしまうケースが多々ある。売上高や営業利益、投入する資金額、期間などを基準とし、「マイナス○%が○カ月続いたら止める」といったルールを設定することが必要だ。

撤退基準の設定には他にも様々な効用がある。1つは、社内の関係者に撤退の理由を説明しやすくなるため、責任問題やメンツが立たなくなるような状況を緩和できることだ。トップマネジメントには、一度「やるぞ！」と始めた以上、社内外の関係者の手前、事業開発の状況が悪くても簡単には止めにくいという心理が働く。周囲には「実行する」とコミットしていたことを止めると、「ブレている」「○○さんがやると言ったから始めたのに……」「言っていることがコロコロ変わる」といった非難が起こることは十分考えられる。

また、事業の状況が悪化してから強制的に経営会議などでストップをかけたとしても、担当者が「私が悪い」「自分たちが否定された」「もう必要とされていないんだ」などと感じて著しく自信を喪失したり、会社への不満を募らせたりするといったケースも見られる。

これらを防止するためにも、撤退基準を明確に設定しておくことで、「もともと、このような撤退基準が決まっていて、それに達したから止める」といった明らかな説明が可能になり、大きなロスを未然に食い止め、責任問題やメンツ丸潰れとなる状況も起こりにくくなる。

新規事業から撤退する際は、その理由をしっかりと社内外に説明することが重要である。撤退理由を明らかにすることで、周囲の不信感の払拭につながり、チャレンジしたメンバーも肩身の狭い思いをしなくて済むようになる。

また、懸命に取り組んでいたメンバーをしっかり評価することも必要だ。メンバーへの適切な評価がなされなかった場合、今後、新規事業開発にチャレンジしたいと思う人材は出てこなくなり、新規事業開発に挑もうとする組織の風土も廃れていく。撤退した新規事業での経験は、組織にとって大きな財産になる。過度にメンバーを叱責したり、否定的に捉えたりするのではなく、その経験をまとめ、次の新規事業開発に活用していく風土を醸成していくことが重要だ。

●（2）「新規事業売上高比率」の整備

新規事業開発への投資を安定化させるためには、新規事業による売上高比率（新規事業売上高比率）の目標を全社的に設定することもポイントだ。そして、その売上目標を達成するためにはどの程度の投資が必要なのかを過去の実績などから算出し、投資の基準値を設定する（図表4-8）。

これを検討する上で、「自社における新規事業とは何か？」を定義する必要がある。具体的には、以下のように事業の新規性や対象期間などを明確にする。

- 既に他社で市場形成されているが自社にとっては新たな市場への展開である場合、それを新規事業として位置付けるか
- 自社にとっても世間にとっても新市場の領域に展開することを新規事業と位置付けるか
- 新規事業の売り上げを計上する際、事業立ち上げから何年間を新規事業とするのか

これらを定義した上で新規事業売上高比率の目標を設定し、その実現に必要な投資額を算出していく。

●（3）「分散投資&マイルストーン投資」による合理的な投資プロセスの整備

新規事業の取り組みを持続的に安定させるためには、新規事業に対す

図表4-8　新規事業売上高比率の設定

新規事業売上高比率の目標を全社的に設定し、目標達成に必要な投資予算の基準値を明確化

※新規事業売上高比率＝新規事業売上高÷全体売上高

新規事業売上高比率を設定するには、「新規事業」の定義を明確化する必要がある

自社／他社の位置付け

自社にとっての新市場展開は、既に他社で市場形成されていても、「新規事業」と定義するか？

		自社	
		既存市場	新規市場
他社	既存市場		新規事業の対象？（△）
	新規市場		新規事業の対象（○）

既存事業の内訳

既存の事業部門で取り組む新規事業（新規顧客向け新商品開発、既存顧客への価値提供方法の変更など）は「新規事業」と定義するか？

<既存事業部門の内訳>

	既存顧客	新規顧客
既存の価値提供（製品・サービス）		新規事業の対象？（△）
新規の価値提供（製品・サービス）	新規事業の対象？（△）	新規事業の対象？（△）

対象期間

新規事業の売り上げを計上する際、事業立ち上げから何年間を「新規事業」と定義するか？

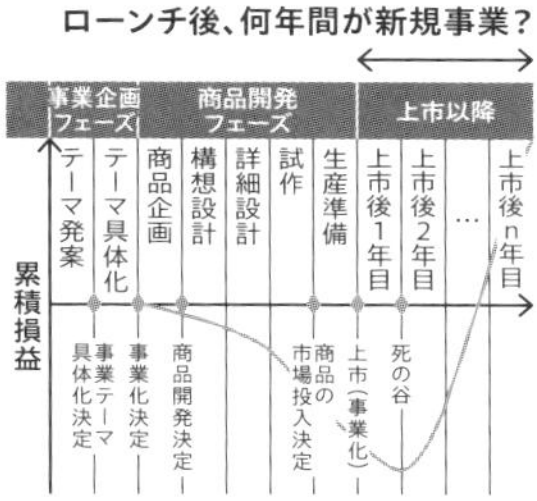

（出所：PwCコンサルティング）

る投資の一定化が必要だ。一方で、新規事業は不確実性が高く、実際に進めてみなければどうなるか分からず、投資リスクがついて回る。このリスク低減に向けて、「分散投資」と「マイルストーン投資」で合理的に投資の成功確率を高めていくという方法がある（図表4-9）。

「分散投資」とは、新規事業開発テーマを同時に複数推進し、資源を1つのテーマに全て投入するのではなく、複数テーマに分散して投入する方法だ。新規事業テーマは不確実性が高く、各テーマとも将来成功するかの判断はできない。1つのテーマに集中して投資した場合、それが失敗したらそのテーマだけで資源を使い切ってしまうことになる。そのようなリスクを避けるために、「複数のテーマに分散して投資した中から、成功するテーマがいくつか出てくることを期待する」という考え方で新規事

図表4-9　分散投資&マイルストーン投資

分散投資

✓新規事業開発テーマを同時に複数推進し、投入できる資源を1つのテーマに全て投入せず、複数テーマに分散して投入する方法

✓新規事業テーマは不確実性が高く将来各テーマが本当に成功するか分からないため、1つのテーマに集中して投資すると、成功した時はよいが失敗の場合はそのテーマだけで資源を使い切ってしまう。そこで、リスクを避けるために複数のテーマに分散して投資し、その中から成功するテーマがいくつか出てくるだろう、という考えに基づいて新規事業を推進

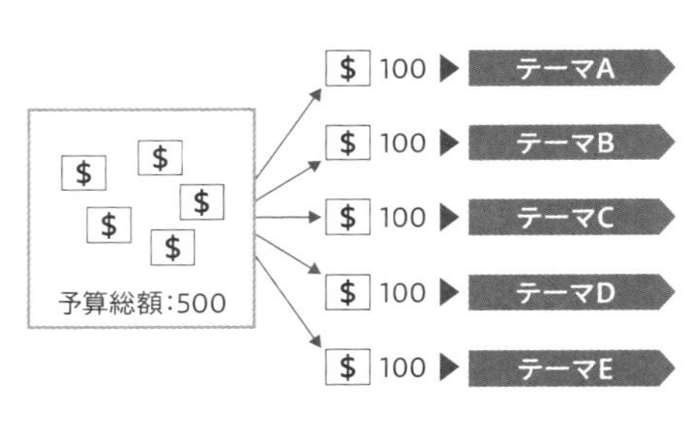

マイルストーン投資

✓新規事業テーマに対して、資源を段階的に投入していく方法

✓テーマごとに資源を暫定的に均等に配分した(分散投資した)後、テーマの進捗状況を見ながら段階的に投入配分を変えていく(あるテーマに10億円の資金を割り振ったとすると、それを一度に使い切ってしまうのではなく、進捗を見て、段階的に追加の資金を投入)

✓新規事業開発を進めていくと、何も始めていない状態に比べて得られる情報が増え、成否の見通しが立てやすくなるので、その段階でさらに資金投入すべきか判断

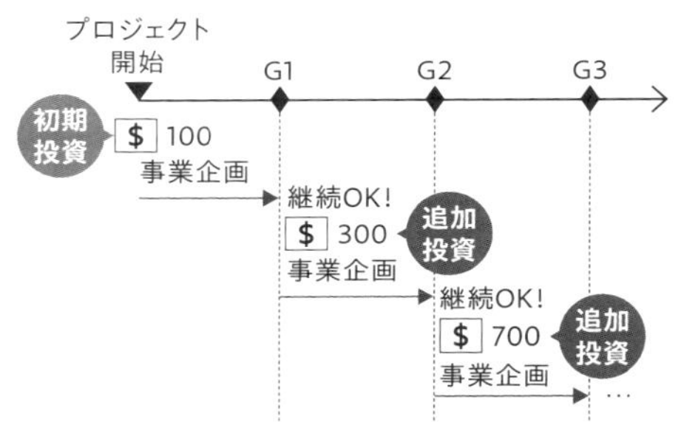

(出所：PwCコンサルティング)

業を推進することが重要だ。

そしてもう1つ、「分散投資」と組み合わせて行う「マイルストーン投資」がポイントだ。これは、新規事業テーマに対して、資源を段階的に投入していく方法である。テーマごとに資源を暫定的に均等配分した(分散投資した)後、テーマの進捗状況を見ながら段階的に投入配分を変えていく。あるテーマに10億円の資金を割り振ったとすると、それを一度に使い切ってしまうのではなく、進捗を見て、段階的に追加の資金投入をし

ていく。

新規事業開発が進めば、開始前の時点に比べて得られる情報は増えていき、うまくいきそうか見通しが立てやすくなっていく。その段階で、さらに資金投入すべきかを判断する。これを各テーマで行っていくことで、結果的にうまくいっているテーマへの資源投資量が大きくなり、合理的で確実性の高い投資が行えるようになる。

●(4)新規事業に合わせた「評価基準・育成システム」の整備

既存の企業で新規事業を行う場合、既にその企業を支える大きな売上高・利益を上げる既存事業があり、その隣で新たに一から事業を立ち上げなければならない。すぐに既存事業と同程度の規模の売り上げや利益を獲得するのは不可能だ。

同じ1億円を売り上げるのでも、既存事業と新規事業とでは難しさが全く違う。このような中で、既存事業と新規事業の業績評価を同一の基準で行うと、新規事業メンバーが既存事業メンバーに全く及ばないと示すことにもなりかねず、彼らのモチベーションを大きく下げる懸念がある。

そのため、既存事業の業績評価指標とは別に、新規事業メンバーを評価する指標を整備していくことが必要である。そしてその中で、メンバーのスキルに関する目標や項目などを具体的に定義し、メンバーのスキルアッププランや、昇進・昇格のキャリアパスを整備していく。

新規事業メンバーに求められる資質やスキルは既存事業メンバーとは大きく異なるため、新規事業メンバーに適合した資質やスキルを明確化・定義し、それを踏まえた育成プランを立案、プランに沿った実践的な育成方法を検討していくことが重要だ(図表4-10)。

以上が、新規事業の成功に向けて取り組んでいくべき5つの視点の内容だ。第3章の事例で紹介した通り、部品メーカーにおいても新規事業開発をうまく工夫して進めている企業が存在する。そのような企業は、本

図表4-10　「既存事業推進者」「起業家」「企業内新規事業者」で特に求められる資質とスキル

			既存事業推進者	起業家	企業内新規事業者
主な役割			既存事業の維持・若干の拡大	新規事業の立ち上げ・拡大（自ら創業）	新規事業の立ち上げ・拡大（既存企業で実施）
資質	常識・倫理観	既存の常識や倫理観を強く意識・重要視しているか？	○		
資質	協調性	周囲の関係者との間で協調性があるか？	○		○
資質	好奇心	人一倍、何事に対しても好奇心が強いか？		○	○
資質	情熱・野心	周囲に否定されても成し遂げたいほどの貪欲・強欲な情熱・野心があるか？		○	○
資質	リスクテイク	様々なリスクを恐れず、目標達成に向けて強引に物事を進められるか？		○	○
資質	マインドタフネス	心身ともにタフで打たれ強く、度胸があり、楽天的か？		○	○
スキル要件	規定順守力	決められたルール、仕組みを忠実に守り、物事を進められるか？	○		
スキル要件	社内政治力	社内の権力構造を把握し、キーパーソンへの根回しなどを適切・巧みに行えるか？	○		○
スキル要件	巻き込み力	周囲の関係者を巻き込み、その気にさせ、物事を進められるか？		○	○
スキル要件	ビジョニング力	目指すイメージを描き、それを分かりやすく、情熱的・論理的に周囲に伝えられるか？		○	○
スキル要件	変革力	変革すべき物事に対して、様々な困難を乗り越え、最後まで変革を成し遂げられるか？		○	○
スキル要件	新規事業開発の知見	新規事業開発の適切な進め方、成否のポイントなどについて理解しているか？		○	○

（出所：PwCコンサルティング）

章で解説してきたようなことを各社の事情に合わせて柔軟にカスタマイズし、愚直に実践しているといえる。

ここまでで、エンジニアリングチェーンに求められる2つの役割（第1章図表1-2参照）のうちの1つである「技術を強みに新たな成長の柱を生み出す新規事業開発」を実現するための、「自社の強みとする技術を活用した新規事業の企画・開発」について解説した。

解説してきた調査結果や事例、体系的な理論を学習するだけでは、すぐに新規事業開発がうまくいくようになるとは限らないだろう。理論を学んだ上で実践経験を積み、さらに理論を再学習して実践に生かしていく。この理論と実践のサイクルこそ、継続的な新規事業開発の成功を実現させるものだと思う。

次章からは、エンジニアリングチェーンに求められるもう1つの重要な役割「既存事業における商品開発のQCD水準高度化」を実現するための開発イノベーションについて解説する。

第 II 部

部品メーカー
開発マネジメントの実態と
改革による業績向上

第 5 章

トラブル対応に忙殺され、CASE時代に対応できない部品メーカー開発部門

部品メーカーの開発部門が置かれている状況

CASE（Connected：コネクテッド、Autonomous：自動運転、Shared：シェアリング、Electric：電動化）へ突き進む自動車・モビリティ産業において、内燃機関系の部品をこれまで事業の主軸にしてきたメーカーは、急いで次の事業の柱を構築する必要に迫られている。既存事業が先細りになる前に、自社が培ってきた強い技術を活用して新規事業を立ち上げなくてはならない（図表5-1）。その際にキーとなるのは、コア技術をつかさどっている開発関連の部門（研究、開発、設計、生産技術）だ。

ところが部品メーカーの開発部門の現場には、新規事業の立ち上げや次世代技術の開発を妨げる様々な問題が見受けられる。筆者らが開発現場のコンサルティング案件でよく遭遇するのが、

- “手戻りバタバタ開発”が改善されない
- “悪魔のスパイラル”を断ち切れない
- 業務に本来かけるべき工数が投入できていない
- 「忙しくて変革どころではない」という開発現場の実情
- 業務改革を手掛けるスタッフ部門の機能不全

といった問題点である。

本書では、部品メーカーの視点でこれらの問題を解消するための“開発イノベーション”の具体的な方法を説明する。その前にまず問題の実態をよく整理しておきたいと思う。

“手戻りバタバタ開発”が改善されない

部品メーカーでは、検討がある程度進んでからのトラブル発覚とやり

図表5-1　自動車・モビリティ産業における部品メーカーの課題（図表1-1再掲）

部品業界を取り巻く環境（例）	
Politics	•規制強化（環境、セキュリティなど） •米中対立、ロシア・ウクライナ紛争などの地政学的リスク
Economy	•新興国経済の成長 •国内経済の停滞、縮小
Society	•SDGsに対する関心・要求の高まり •自然災害、感染症などのリスク
Technology	•各領域におけるDXの進展 •CASE関連技術の進化
Customer	•製品アーキテクチャー変化 •自動車OEMのビジネスモデル多様化 •自動車OEM再編
Competitor	•異業種からの参入増加 •新興国企業の台頭 •サプライヤー再編
Company	•経営資源の外部調達加速 •ベテランの引退、人材不足 •老朽システム維持管理費の高額化

部品メーカーにおける重要課題（例）	
未来構想 基礎研究 事業企画 商品企画 開発・設計 生産準備	•技術力をベースとした新規事業開発 •MBSEによる検討・検証の効率化 •モジュラーアーキテクチャーの進化 •製品情報管理体系（BOM）の見直し •設計品質強化による品質リスク撲滅
調達 製造 生産管理 物流 販売 サービス	•ライフサイクルを通じた原価企画の強化 •工場IoTによる製造QCD可視化 •保守ビジネスの売り上げ・利益増強 •事業継続計画（BCP）を踏まえた強靭なグローバルサプライチェーンの構築
経営管理 人事 会計 IT	•サイバーセキュリティ強化（WP29対応） •再生可能エネルギーの活用強化 •効果的な外部資源活用 •老朽化システムの刷新

様々な課題があるが、
特に**「既存事業に次ぐ、新たな事業の柱の構築」**は喫緊であると言える

（出所：PwCコンサルティング）

直しの連続でバタバタと余裕のない製品開発プロジェクトが数多く存在する（図表5-2）。製造業でフロントローディング、すなわち開発初期段階での検討を深める考え方が提唱されて既に30年以上が経過し、リスク抽出やDR（デザインレビュー）、評価・実験、アジャイル開発といった業務の高度化や、CAD／CAEやIDE（統合開発環境）といったツールの高度化が進展した。しかし部品メーカーでは、完成車メーカーに比べるとフロ

ントローディングの進み方に差がある場合が見受けられる。製品の多様化、大規模化、複雑化のスピードが圧倒的に速く、顧客の要求水準は高まるばかりで、業務やツールの改革・改善がなかなか追い付かない。

そこに、技術者不足とベテラン技術者の退職が重なり、業務と技術の理解が不足して拙速で表層的な設計対応、場当たり的な業務改善が目立つようになった。多くの業務が「思考的」ではなく「作業的」に行われるようになった結果、品質問題や各種トラブルの解決に多くの時間を要するようになった。

“悪魔のスパイラル”を断ち切れない

このバタバタと余裕のないプロジェクトは、常態化して繰り返し発生するため、「このような状態がかれこれ20年以上続いている」といった状況の部品メーカーをよく見かける。特に自動車部品メーカーには繰り返しを断ち切れない事情がある（図表5-3）。

図表5-2　改善されない“手戻りバタバタ開発”

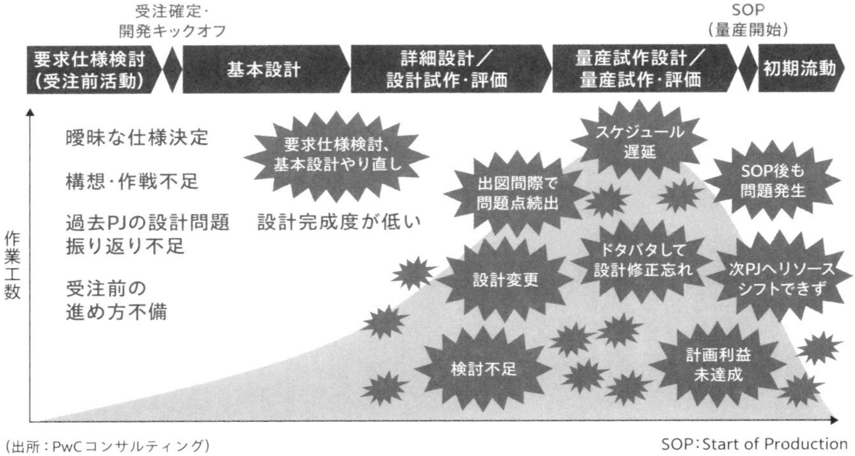

受注確定・
開発キックオフ
SOP
（量産開始）
要求仕様検討
（受注前活動）
基本設計
詳細設計／
設計試作・評価
量産試作設計／
量産試作・評価
初期流動
曖昧な仕様決定
構想・作戦不足
過去PJの設計問題
振り返り不足
受注前の
進め方不備
要求仕様検討、
基本設計やり直し
設計完成度が低い
作業工数
スケジュール
遅延
出図間際で
問題点続出
SOP後も
問題発生
設計変更
ドタバタして
設計修正忘れ
次PJへリソース
シフトできず
検討不足
計画利益
未達成

（出所：PwCコンサルティング）
SOP：Start of Production

部品メーカーは、顧客である完成車メーカーなどから非公式な形で次期製品の開発に関する相談をしばしば受ける。正式な提案依頼（RFP）を受領するのは、共同での構想をある程度進めて、具体化がそれなりに進んだ段階だ。部品メーカーにとって、この引き合い対応からRFP受領までは部品の品質・コストの多くの部分が確定して受注可否が決まる極めて重要な段階であり、かつ技術的な難易度が最も高い局面である。

したがってここには、エース級の技術者の工数を多く投入すべきだ。ところが、それが十分にできないケースが現実にはしばしば見られる。その前の時期に開発した部品のQCD（Quality：品質、Cost：コスト、Delivery：納期）の水準が低くてトラブルが発生し、そちらの対応にエース級技術者を取られてしまうためだ。量産時期が迫った部品のトラブルは最優先で対応せざるを得ない。

そうなると、RFPの前に十分な検討ができず、闇雲に受注しても顧客の要求仕様と価格のバランスが合わない、コスト削減施策が見いだせない、などといった問題を抱えてしまいがちだ。最初から問題山積みの状況で開発を進め、顧客の開発日程を何とかキープしようとすると、品質・コストのつくり込みやプロジェクト管理などがおろそかになり、量産手配図出図といった重要な節目で品質問題が生じて、突発対応が必要になる。顧客とのミーティングにも準備が不十分な状態で臨まざるを得なくなり、顧客からの質問や指摘に適切に回答できず、試作や評価の追加案件が突発的に生じることもある。開発メンバーだけならまだしも、工場も巻き込むことになり、開発プロジェクトは炎上状態になってしまう。

その火消しが最優先になって、エース級技術者の工数を取られると、さらにその次の部品のRFP前の検討が不十分になり、同じことが繰り返される。マネジャー層も顧客のクレーム対応に奔走して、本来の管理業務を十分に担えない。営業、開発、工場を含む組織全体が疲弊し、収益の悪化や、希望を持てなくなった若手の退職といった問題に発展する場合さえある。

図表5-3　断ち切れない“悪魔のサイクル”

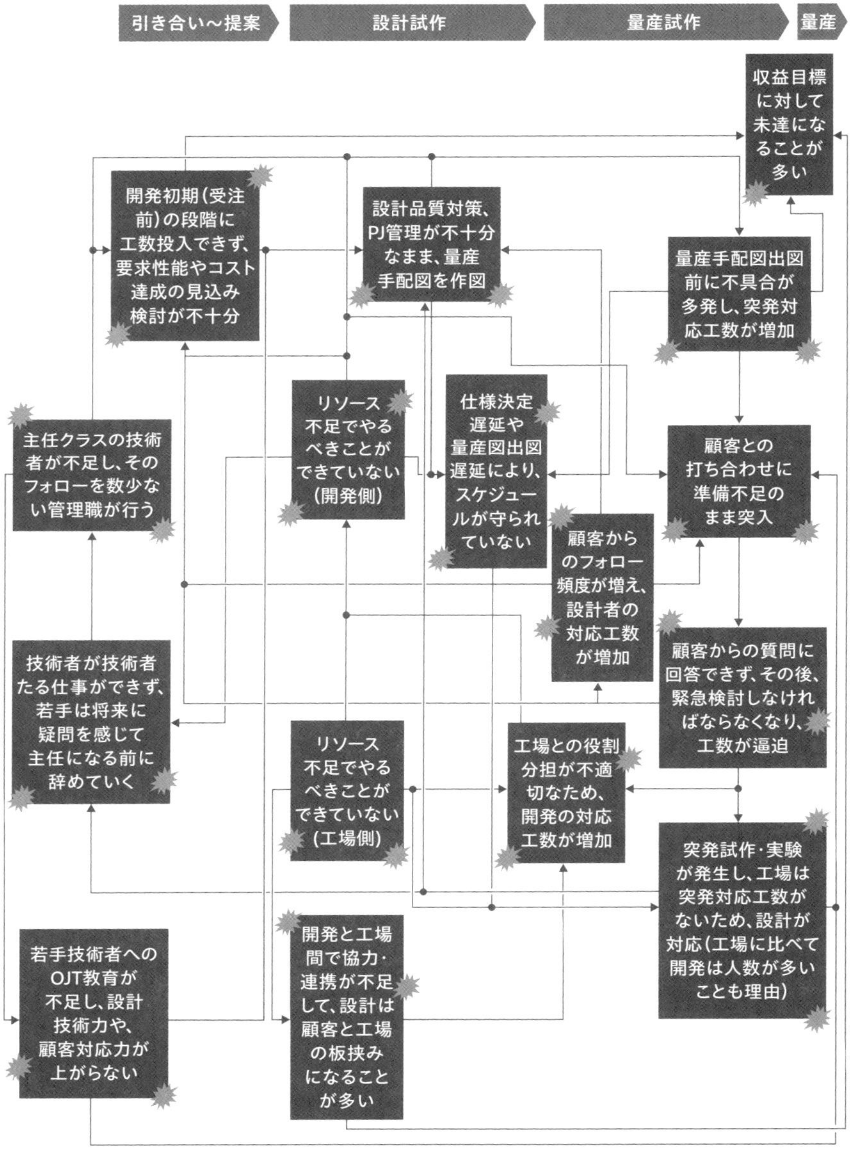

（出所：PwCコンサルティング）

業務に本来かけるべき工数が投入できていない

このような状況を定量的に調査・分析する方法として、業務工数分析がある。これは、開発部門に所属する各メンバーに業務区分ごとの一定期間(1年間など)の工数を集計してもらい、開発部門全体としてどのような業務にどれだけの工数を割いているか調査・分析する方法だ。

図表5-4は、実例を基に作成した、部品メーカーの典型的な業務工数分布の実態のイメージだ。「将来業務」は将来の収益を生むための事前業務、「現在業務」は今時点の収益を稼ぐための業務、「過去業務」は過去に完了した製品の手戻り業務を指す。さらにそれぞれの業務を「主体的業務」と「付帯的業務」、すなわち技術者が本来担うべき業務と、担うべきではない業務(運搬、手配、調整、承認、資料/データ検索など)に分ける。

“手戻りバタバタ開発”や“悪魔のサイクル”に陥っている開発部門では、将来業務に工数を投入できない、設計検討よりも試作、検査、実験に関連する付帯業務に多くの工数を割かれる、品質問題の流出防止業務であるレビューや検図にかける工数は数%に過ぎない、客先との不要・非効率なミーティングに多大な工数を割いている、といった分析結果が得られる。

「忙しくて変革どころではない」という開発現場の実情

このような状況を打開すべく、事業部の上層部は改革・改善への取り組みを指示する。しかし、このような状況に陥ってしまってからでは、開発現場は改革・改善したいと思っても、問題が大き過ぎてなかなか対応できない。組織全体を疲弊させている悪魔のサイクルを断ち切るには、大局観を持って部門間で連携しつつ改革に取り組まなければならない。本来であれば各部門の部長・マネジャー層がリーダーシップを発揮して

図表5-4　本来かけるべき業務に工数が投入できていない

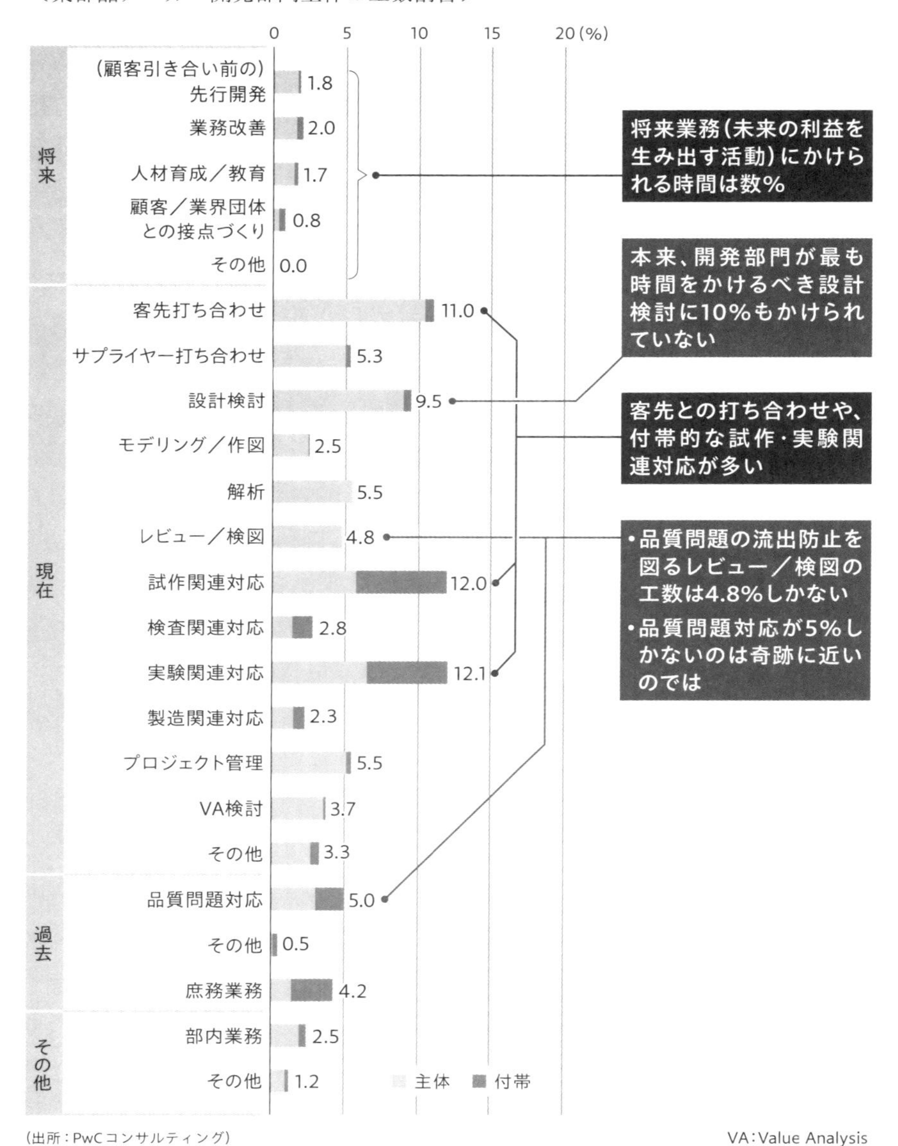

（出所：PwCコンサルティング）

VA：Value Analysis

部門間連携を進めていくべきだが、部長・マネジャー層も現場担当者同様にトラブル対応に忙殺されてしまっている（図表5-5）。

業務改革を手掛けるスタッフ部門の機能不全

実際のところ、本来の開発業務と業務改革の両方を進めるのは、負荷が重過ぎる。そこで、開発管理、設計管理、技術管理といった開発の補佐的な業務を担うスタッフ部門が業務改革の事務局になるケースが一般的だ。しかし、このスタッフ部門が機能不全に陥ってしまっている部品メーカーを多く目にする（図表5-6）。

開発業務を直接担うライン部門に比べてスタッフ部門は人数がもともと少なく、事業部の収益状況や直間比率（ライン部門とスタッフ部門の比率）の見直しなどによってさらに人数が削減される傾向にあり、事業部

図表5-5　「忙しくて、改善活動どころではない」という開発部門の嘆き

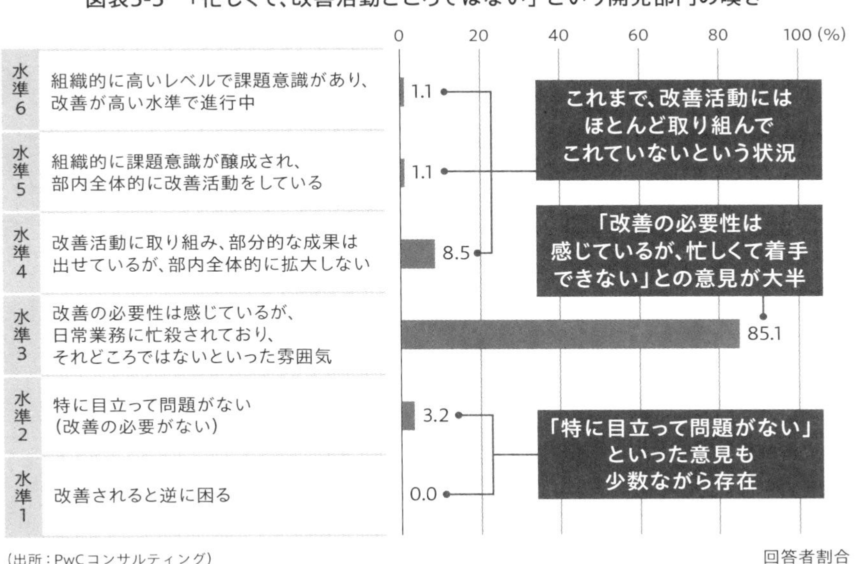

（出所：PwCコンサルティング）

の上層部やライン部門から指示・要求されたミッションを遂行し切れない状況に陥りがちである。間接費削減のための自動化・効率化もしばしば求められ、増員の必要性を事業部の上層部に訴えても「どんな成果が得られるのか」と費用対効果の数字ばかりを問われ、増員はなかなか認めてもらえない。

スタッフ部門には、ライン部門の補佐という短期的な役割に加えて、事業部として今後目指すべき方向性を示し、関係部門を巻き込みながら変革を進めるといった中長期的な役割がある。中長期的な役割を全うするためには、ライン部門で起きている事実の把握や将来動向の情報収集に当たるほか、ビジョニングやチェンジマネジメント（改革の狙いや必要性を関係者に訴求し、意識改革を促し、改革活動の推進や定着を図る）の技術といった、ライン部門と異なった広範なスキルの習得が必要だ。しかしスタッフ部門の人数は少なく、短期的な役割だけで手いっぱいになって

図表5-6　業務改革や改善を手掛けるスタッフ部門が機能していない

収益状況や直間比率を基にスタッフが削減され、トップやラインからのミッションをやり切れない

収益減　直接人員　間接人員

スタッフ人員削減！

スタッフ部門に対し、徹底した自動化・効率化で、さらにスタッフが削減される

もっと効率化せよ！

自動化を考えよ！

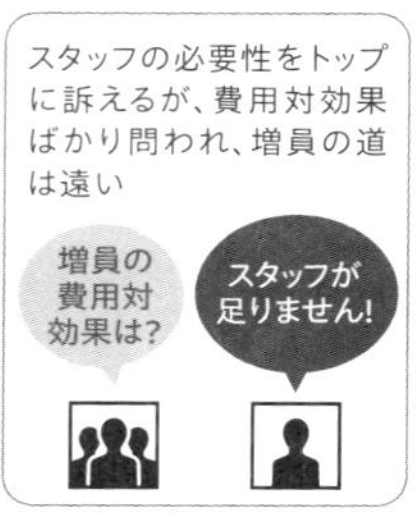

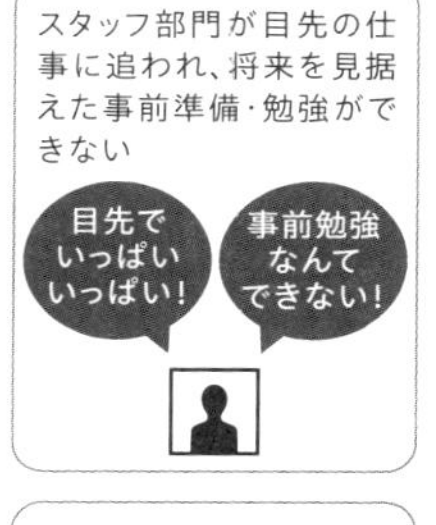

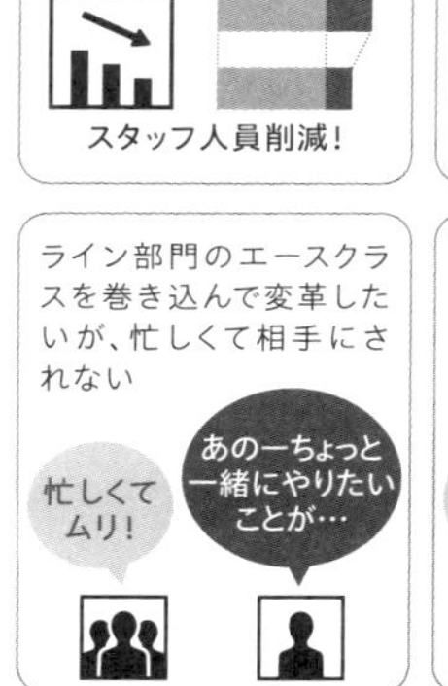

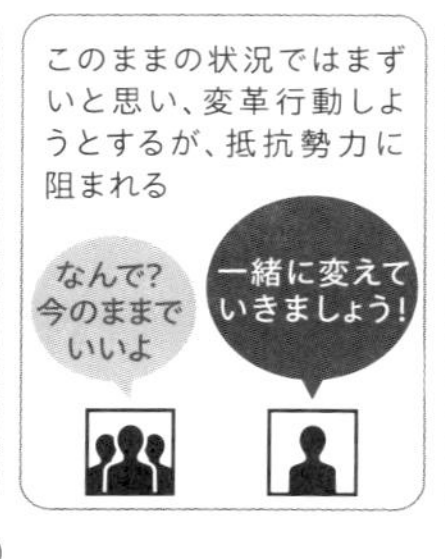

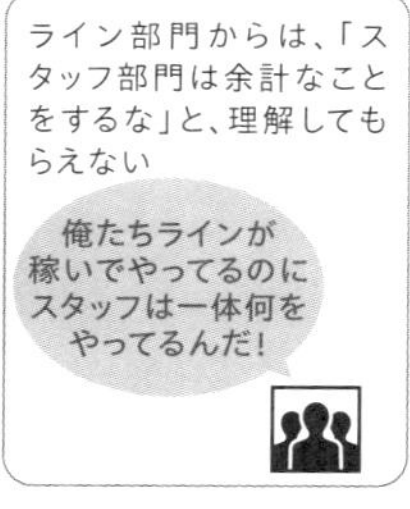

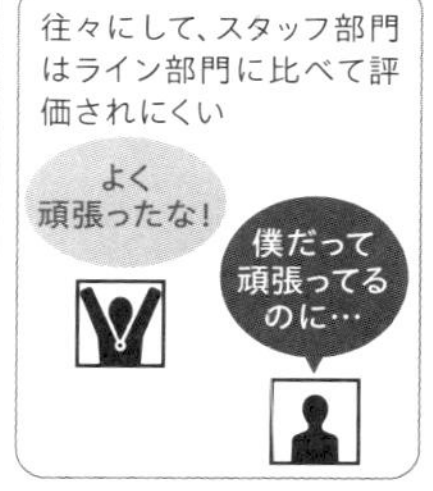

（出所：PwCコンサルティング）

しまう。

さらに、ライン部門が改革活動に消極的なケースも少なくない。「忙しくて時間が取れない」というだけでなく、「変革の必要性が分からない」といった現状維持バイアス（今のままでよいという心理作用）をなかなか取り除けない場合がある。ひどい場合には、「収益を稼がない部署が何をしているのか。余計なことをするな」とスタッフ部門への理解が不足する部品メーカーや、改革の成果が上がっても評価されるのはライン部門ばかりといった部品メーカーさえある。

ここまで極端でなくても、多かれ少なかれ似たことが起きている会社は多いのではないだろうか。開発部門を改革し、これらの問題が起こらないようにしていくのが開発イノベーションだ。その取り組みは、例えば大手の完成車メーカーに見られるものをそのまま展開しても必ずしも十分ではなく、部品メーカーが置かれた状況に即したものでなければならない。さらに、部品メーカーによって置かれた状況や経営方針は異なり、開発イノベーションの具体的な方法はそれぞれ異なる。

とはいえ、部品メーカー同士で共有できる知見は少なくない。筆者らは、部品メーカーにおける開発イノベーションについて、15個の観点で整理した。

次章以降、これらの開発イノベーションのポイントと、問題や課題をどのように捉えるかのフレームワーク（枠組み）について、筆者らがコンサルティング業務を通して得た知見や新たに実施した実態調査の結果などを踏まえて解説していく。

第6章

業績が良い会社の開発マネジメントはどのような姿か

開発マネジメントの理想像と、調査で見る実態

前章では、部品メーカーの開発現場でよく見られる問題の実態を解説した。本章はそれを踏まえて、今後、開発機能*のマネジメント（以下、開発マネジメント）はどのような姿を目指すべきかについて述べる。

＊開発機能には、研究や開発を手掛ける部署だけでなく、品質保証や生産技術など、研究開発のサポートや開発と生産のつなぎを担う部署も含むと考える。

開発マネジメントのフレームワーク

開発マネジメントの目指す姿を考える上で、まずマネジメントの視点としてどのようなものがあるかを解説する。筆者らは、開発マネジメントのフレームワーク（枠組み）を図表6-1のように捉えている。

図表6-1　開発マネジメントのフレームワーク

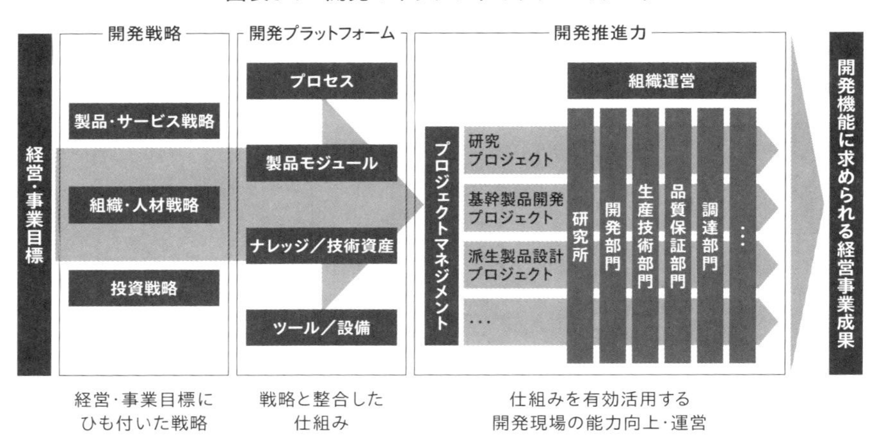

（出所：PwCコンサルティング）

フレームワークの全体像は「開発戦略」「開発プラットフォーム」「開発推進力」の3つのフレームで構成する。開発マネジメントでは、経営・事業目標の達成を念頭に置きつつ、この開発戦略、開発プラットフォーム、開発推進力を三位一体で一貫して進めることが重要であると捉えている。これにより、経営・事業目標にひも付いた開発戦略、開発戦略と整合した開発プラットフォーム、プラットフォームを有効活用する開発推進力、開発現場での活動を通じた事業成果というつながりが生まれる。このフレームワークを9個の視点にブレークダウンし、それぞれの達成水準によって開発マネジメントの状況を総合的に把握でき、改善のための方針が明らかになると考えている。

次に、3つのフレームそれぞれをブレークダウンした視点について説明する（図表6-2）。

●開発戦略の視点

開発戦略は、経営・事業の目標・方針に基づいて設定した、開発機能全体の目標とその達成に向けた方針だ。その立案に際しては、「製品・サービス戦略」「組織・人材戦略」「投資戦略」という視点から詳細に検討する。

「製品・サービス戦略」では、中長期的な経営目標を達成するために必要となる製品・サービスの創出計画立案に取り組んでいく。商品・サービスロードマップの立案、技術ロードマップの立案などが、この視点に含まれる。

「組織・人材戦略」では、製品・サービス戦略の実行に適した組織の構築、有能な人材の採用・育成に向けた中長期的な計画立案に取り組んでいく。技術人材ロードマップの立案、技術組織構築・獲得計画の立案などがこの視点に含まれる。

「投資戦略」では、製品・サービス戦略の実現において必要となる各種経営資源の適切な投入計画の立案に取り組んでいく。研究開発投資計画の立案などがこの視点に含まれる。

●開発プラットフォームの視点

開発プラットフォームは、開発戦略を実現するために必要な業務基盤（仕組み）を指す。ここでは「プロセス」「製品モジュール」「ナレッジ／技術資産」「ツール／設備」という4つの視点から詳細に見ていく。

「プロセス」の視点からは、開発機能の各業務プロセス整備に取り組んでいく。業務標準化の取り組みはこの視点に含まれる。

「製品モジュール」では、製品やサービスのシリーズを俯瞰的・横断的に見据えた上で、適切なモジュール・部品構成の整備に取り組んでいく。製品標準化の取り組みはこの視点に含まれる。

「ナレッジ／技術資産」では、過去の開発で蓄積された技術理論や実験

図表6-2　開発マネジメントにおける9つの視点の概要

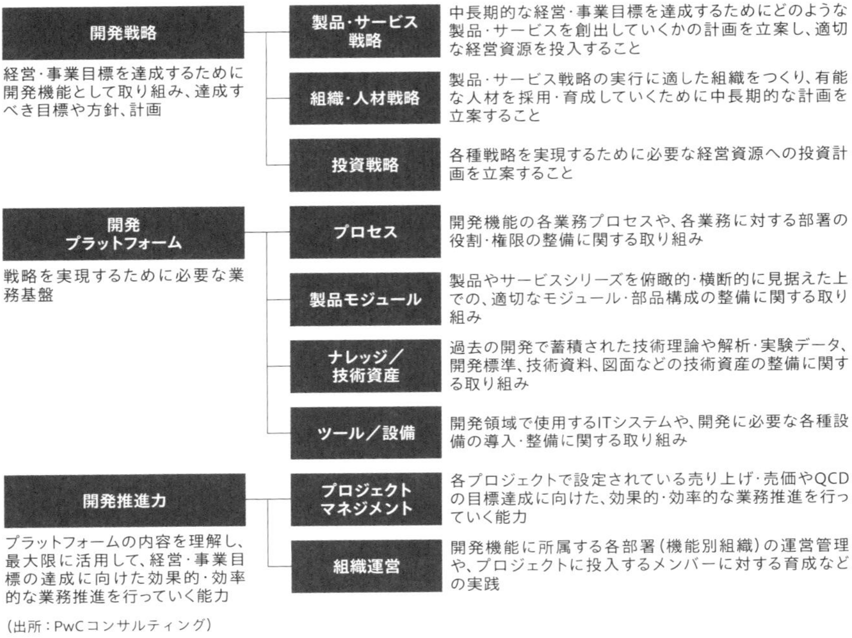

区分	視点	概要
開発戦略 経営・事業目標を達成するために開発機能として取り組み、達成すべき目標や方針、計画	**製品・サービス戦略**	中長期的な経営・事業目標を達成するためにどのような製品・サービスを創出していくかの計画を立案し、適切な経営資源を投入すること
	組織・人材戦略	製品・サービス戦略の実行に適した組織をつくり、有能な人材を採用・育成していくために中長期的な計画を立案すること
	投資戦略	各種戦略を実現するために必要な経営資源への投資計画を立案すること
開発プラットフォーム 戦略を実現するために必要な業務基盤	**プロセス**	開発機能の各業務プロセスや、各業務に対する部署の役割・権限の整備に関する取り組み
	製品モジュール	製品やサービスシリーズを俯瞰的・横断的に見据えた上での、適切なモジュール・部品構成の整備に関する取り組み
	ナレッジ／技術資産	過去の開発で蓄積された技術理論や解析・実験データ、開発標準、技術資料、図面などの技術資産の整備に関する取り組み
	ツール／設備	開発領域で使用するITシステムや、開発に必要な各種設備の導入・整備に関する取り組み
開発推進力 プラットフォームの内容を理解し、最大限に活用して、経営・事業目標の達成に向けた効果的・効率的な業務推進を行っていく能力	**プロジェクトマネジメント**	各プロジェクトで設定されている売り上げ・売価やQCDの目標達成に向けた、効果的・効率的な業務推進を行っていく能力
	組織運営	開発機能に所属する各部署（機能別組織）の運営管理や、プロジェクトに投入するメンバーに対する育成などの実践

（出所：PwCコンサルティング）

データ、開発標準、技術資料、図面、品質問題対策資料など技術資産の整備に取り組んでいく。ナレッジマネジメントの取り組みはこの視点に含まれる。

「ツール／設備」では、PLM（Product Lifecycle Management：製品ライフサイクル管理）システムや開発に必要なデジタルツール、各種設備の整備に関する課題解決に取り組んでいく。BOM（Bill of Materials：部品表）や図面、技術文書など技術情報を管理するPLMシステムの整備、設計・解析や評価ツール、プロジェクト管理ツールなど、開発機能の様々な業務を支援するデジタルツールの整備、試作設備や評価設備の整備などがこの視点に含まれる。

●開発推進力の視点

開発推進力は、開発プラットフォームの意義を理解し、最大限に活用して、経営・事業目標の達成に向けた効果的・効率的な開発業務の推進を行っていく能力だ。開発推進力を高めるために「プロジェクトマネジメント」と「組織運営」の2つの視点から詳細に検討していく。

「プロジェクトマネジメント」では、各種開発プロジェクト（研究プロジェクト、技術開発プロジェクト、新製品開発プロジェクト、既存製品カスタマイズ設計プロジェクトなど）で設定されている売り上げや売価、QCD（Quality：品質、Cost：コスト、Delivery：納期）の目標を達成するために、開発プラットフォームを活用したプロジェクト推進に取り組む。プロジェクトマネジメント改革に加えて、1人が複数テーマを掛け持ち対応することで効率化するなどの取り組みもこの視点に含まれる。

「組織運営」では、開発機能に所属する各部署の運営や、プロジェクトへ投入するメンバーに対する教育の課題に取り組む。技術人材育成、技術者の工数管理／負荷平準化、開発プロジェクトへのリソースアサイン調整、組織風土の活性化などの取り組みがこの視点に含まれる。

「プロジェクトマネジメント」が目先の開発プロジェクトの目標達成という短期的な成果獲得を目的にしているのに対して、「組織運営」では開発機能に包含される各部署の持続的発展という中長期的な成果獲得を目的に据える。

各視点の水準：「悪い状態」と「目指す姿」

筆者らは、この開発マネジメントの視点ごとに、達成状況の把握のため5段階の水準を設定している。最も低い水準（レベル1）を「悪い状態」、上から2番目の水準（レベル4）を「目指す姿」と見ている。

レベル1は「取り組みが不足している」水準、レベル2は「取り組みを形式的に実行している」水準、レベル3は「本質的な取り組みを行い、部分的に成果を獲得している」水準、レベル4は「本質的な取り組みが継続的に進化している」水準、レベル5は「本質的な取り組みが業界の先進レベルにまで達している」水準と設定している。つまり、レベル1の「悪い状態」とは「取り組みが不足している」水準であり、レベル4の「目指す姿」は「本質的な取り組みが継続的に進化している」水準ということになる（図表6-3）。

この各視点の「目指す姿」の水準を包括すると、図表6-4のように表現できる。

本章の冒頭で開発マネジメントのフレームワークを概説した際に、経営・事業目標の達成を念頭に置いて、開発戦略、開発プラットフォーム、開発推進力が整合性や連携性を保ちながら一貫してつながることが重要と述べた。これを表現しているのが「戦略」→「プラットフォーム」→「開発推進」と反時計回りに引かれている矢印になる。また、「戦略」からダイレクトに「開発推進」につながる要素もあるため、「組織設計・運営計画」と「人材獲得・育成計画」から「開発推進」に矢印が引かれている。

また逆に、「開発推進」→「プラットフォーム」→「戦略」と時計回りに

図表6-3　各視点の「悪い状態」と「目指す姿」

	開発マネジメント項目	悪い状態	目指す姿
開発戦略	製品・サービス戦略	中長期的な経営・事業目標を達成するための製品・サービスを創出する方針・計画(製品・サービス戦略)が立案できていない	•製品・サービス戦略が立案され、その計画通りに製品・サービスが投入できている •そしてこの状態が継続的改善により進化している
	組織・人材戦略	製品・サービス戦略の実現に向けた組織づくり、人材獲得・育成に関する方針・計画(組織・人材戦略)が立案できていない	•製品・サービス戦略の実現に向けた組織・人材戦略が立案され、その計画通りに実現できている •そしてこの状態が、継続的改善により進化している
	投資戦略	製品・サービス投入計画、組織設計・運営計画、プラットフォーム整備計画を実現するために必要な投資に関する方針・計画(投資戦略)が立案できていない	•投資戦略やその実行に関するプロセスが定義され、それに基づいて投資が行われ、結果も出ている •そしてこの状態が継続的改善により進化している
開発プラットフォーム	プロセス	開発機能の各業務プロセスや、業務に対する定義が行われていない	•全社最適を考慮した形で業務プロセスが定義されており、各部署が価値ある業務に注力でき、効率的な業務推進が行われている •そしてこの状態が継続的改善により進化している
	製品モジュール	モジュール化の取り組みが行われていない	•単一製品群におけるモジュール化の水準が設定され、それに基づいたモジュール化が行われている •そしてこの状態が継続的改善により進化している
	ナレッジ／技術資産	ナレッジ／技術資産(過去の開発で蓄積された技術理論や解析・実験データ、開発標準、技術資料、図面など)の蓄積・活用のルールがない	•ナレッジ／技術資産の蓄積・活用を評価する指標が定められ、予実管理も行われている。かつ、活用が必須のナレッジ／技術資産は必ず確認する業務プロセス・システムになっている •そしてこの状態が継続的改善により進化している
	ツール／設備	開発に関連するITシステム／各種設備は使用されているが、都度、必要が生じた際に導入や改善が行われているだけ	•開発に関連するITシステム／各種設備の導入・改善が、品質・コスト・リードタイム、売り上げ・売価に大きく寄与している •そしてこの状態が継続的改善により進化している
開発推進力	プロジェクトマネジメント	プロジェクトで管理すべき項目や管理タイミング、管理者の役割などが不明確で、管理が行われていない	•プロジェクトで管理すべき項目や管理タイミング、管理者の役割などを定義する規約・基準にのっとりプロジェクト管理が行われており、プロジェクト目標(品質目標、コスト目標、納期目標、売価目標など)を達成できている •そしてこの状態が継続的改善により進化している
	組織運営	プロジェクト管理ばかりが注力され、各機能別組織を強化していくための組織運営(組織としての目指す姿の設定とそれに向けた推進管理)*が行われていない	•組織としての目指す姿の実現に向けて、必要となる機能別組織の強化課題への取り組みが行われ、プロジェクトに投入する人材や技術の質が向上している •そしてこの状態が継続的改善により進化している

＊具体的には組織ビジョン共有・浸透、人的リソース管理、技術蓄積、人材育成、ジョブローテーション、ナレッジ共有など

(出所：PwCコンサルティング)

図表6-4　開発マネジメントの目指す姿

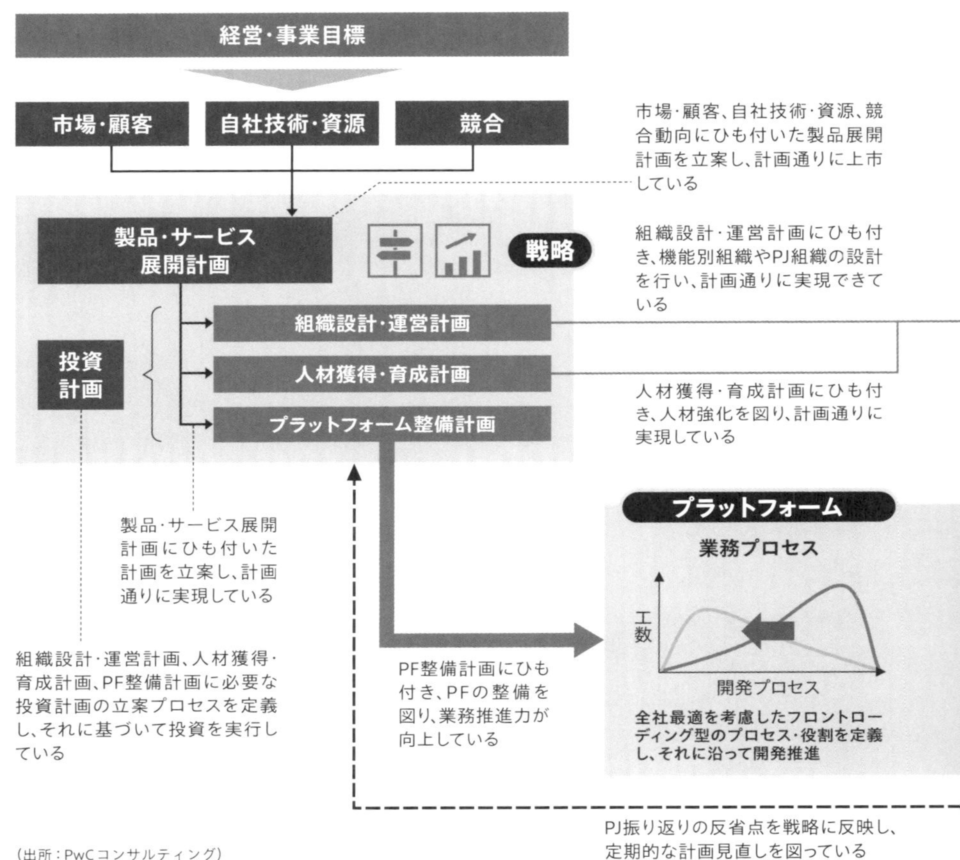

（出所：PwCコンサルティング）

引かれている矢印がある。これは、開発機能の最終的な成果に当たる製品・サービスのリリースや顧客納品が計画的にできたか、売り上げ・売価、QCDそれぞれの目標と結果にどのようなギャップがあったかをプロジェクト完了時に振り返り、ギャップの原因に当たる課題の解決のため、マネジメントの各視点についてフィードバックされている状態を示している。

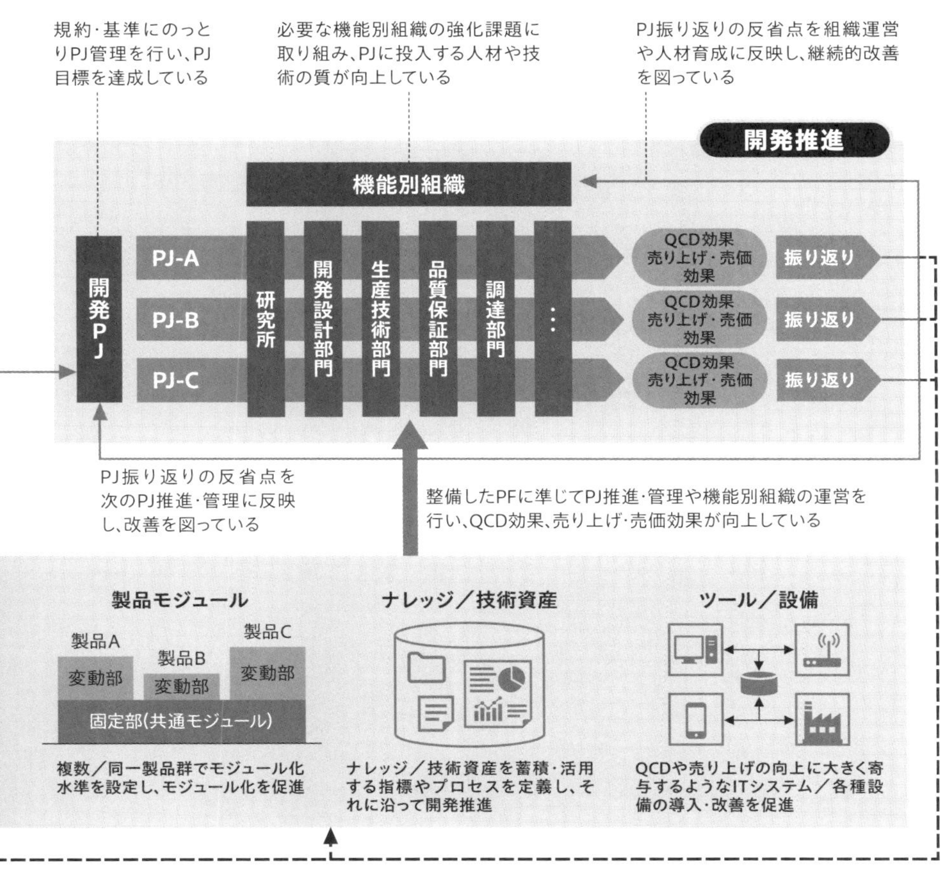

実態調査結果で分かった「目指す姿に近い企業ほど業績が良い」

筆者らは継続して、上記の枠組みに沿って実態を調べる「開発マネジメント実態調査*」を日経BPと連携して実施している。最近の結果の詳細は次章で説明するが、主要な結果の1つであるマネジメント水準の回答者平均をここで紹介すると、2.5点未満であった。つまりレベル2と3の間で、「目指す姿」と設定しているレベル4（4点）からは程遠い状態であると分かる。

ただし、「所属企業の業績が過去5年間で上昇傾向にある」とした回答者は、「業績が下降傾向にある」とした回答者に比べて、マネジメント水準が高いと回答する傾向にある。つまり、開発マネジメントの目指す姿に近い企業ほど業績が良く、もうかる企業体質になっていると見て取れる。これまで、開発マネジメントの水準と業績の相関性を明快に説明することはなかなか難しかったのだが、この結果から、企業がもうけを増やすための1つの方策として、開発マネジメントのレベルアップへの取り組みが有効であると明らかになった。

本章は、業績の良い企業へと変革するために、開発機能のマネジメントとして目指す姿をどのように描くべきかについて述べた。次章は、上記の開発マネジメント実態調査の結果について解説する。

＊「第2回開発マネジメント実態調査」（2022年5月9日～12日に実施）はニュースメール配信サービス「日経ものづくりNEWS」の読者を対象にアンケートを実施し、196件の回答を得た。

第7章

開発マネジメントを高める努力で業績もQCDも向上する

開発の実態調査から見えたもうけのポイント

「開発マネジメント実態調査」は、企業の業績、製品開発におけるQCD（Quality：品質、Cost：コスト、Delivery：スケジュール）問題の有無と、開発マネジメントの水準との間にどのような関係性があるかを見いだす目的で実施した。ここで説明するのは、この調査から得られた「開発マネジメントの水準が高いと、業績に有利でQCDの問題も少なくなる」という分析結果だ。

調査方法は、前章で解説した開発マネジメントのフレームワークで定義されている9つの視点（図表6-2参照）ごとに、以下の5段階の水準を設定し、回答者に現状の水準を聞いた。

＜開発マネジメント水準＞

レベル1：取り組みが根本的に不足し、成果が出ていない
レベル2：努力しているが、成果が出るまでには至っていない
レベル3：成果が部分的に出始めている
レベル4：業界トップレベルではないが、成果が出て進化を継続している
レベル5：業界トップレベル

このレベルは、図表6-3の「悪い状態」と「目指す姿」に準じて設定している。すなわち、悪い姿がレベル1、目指す姿がレベル4の状態としている。レベル5はレベル4から進んで業界トップレベルの域にまで達している状態だ。この5段階のレベルで、レベル1～2を「開発マネジメント水準が低い」、レベル4～5を「開発マネジメント水準が高い」と定義している。

この調査結果を深掘りし、部品メーカー各社が業績やQCDを向上さ

せるために開発マネジメントをどのように高度化していくべきかについて考察する。

業績とQCD問題と開発マネジメント水準の関係性

まず、本調査から明らかになった「(企業の)業績」「(開発における)QCD問題」「開発マネジメント水準」相互の関係性について紹介していく。調査結果を要約すると、以下の点が挙げられる(図表7-1)。

- [QCD-業績]QCDに関する問題が少ない企業は、多い企業に比べて、業績が若干良い傾向にある
- [QCD-開発マネジメント]QCDに関する問題が少ない企業は、多い企業に比べて開発マネジメント水準が高い傾向にある
- [業績-開発マネジメント]業績が上昇傾向の企業は、開発マネジメント水準が高い傾向にある

以下、この3つそれぞれについて説明する。

図表7-1 「業績」「QCD問題」「開発マネジメント水準」の関係性

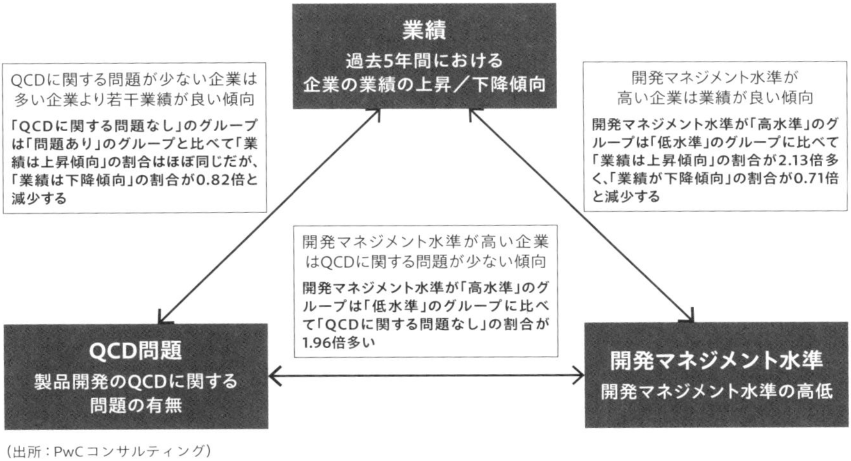

(出所：PwCコンサルティング)

[QCD-業績]QCDに関する問題が少ない企業は、業績が若干良い傾向

まず、過去5年間の業績の上昇または下降傾向と、開発におけるQCDの問題との関係性から見ていく。QCDの品質・コスト・スケジュールそれぞれについて、「問題がある」(「多くのテーマで問題が発生している」+「一部のテーマで問題が発生している」)と回答した企業と、「問題がない」(「ほとんど発生していない」+「問題は発生しているが、想定内で無難に対応できている」)と回答した企業では、「業績は上昇傾向」という回答割合にどの程度の開きがあるかを見てみると、以下のような結果となった(図表7-2、図表7-3)。

アンケートでは、QCDの品質、コスト、スケジュール3項目に関してそれぞれ問題があるかを聞き、別の設問で過去5年間の業績が上向きか下向きかを聞いた。したがってQCDの問題と業績の関係について3通りのクロス集計結果を得ている(図表7-3)。個々のクロス集計だけでは全体が分かりにくいため、QCD全般の水準の指標として3項目の集計結果の平均を図表7-2に示す。

●QCD全般

図表7-2　過去5年間の業績とQCD問題の有無(3項目平均)の関係性

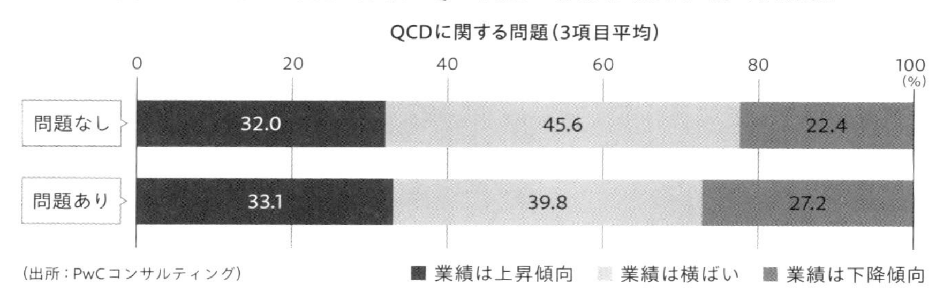

(出所:PwCコンサルティング)

- 品質、コスト、スケジュールの3項目それぞれについて平均をとると、「問題がない」場合の「業績は上昇傾向にある」との回答は、「問題がある」場合の「業績は上昇傾向にある」との回答と比べて0.97倍（33.1%→32.0%）と、ほぼ同じ
- 「問題がない」場合の「業績は下降傾向にある」との回答は、「問題がある」場合の「業績は下降傾向にある」との回答に比べて0.82倍（27.2%→22.4%）と少ない

●品質

- 「品質に関する問題がない」と回答した企業と「品質に関する問題がある」と回答した企業とで、「業績は上昇傾向にある」と回答した割合はほぼ同じ（32.7%と32.8%）
- 「品質に関する問題がない」と回答した企業は、「品質に関する問題がある」と回答した企業より、「業績は下降傾向にある」と回答した割合が0.70倍（28.6%→20.0%）と少ない

●コスト

- 「コストに関する問題がない」と回答した企業は、「コストに関する問題がある」と回答した企業より、「業績は上昇傾向にある」と回答した割合が1.07倍（31.7%→34.0%）と若干多い

図表7-3　過去5年間の業績とQCD問題（個別）の有無の関係性

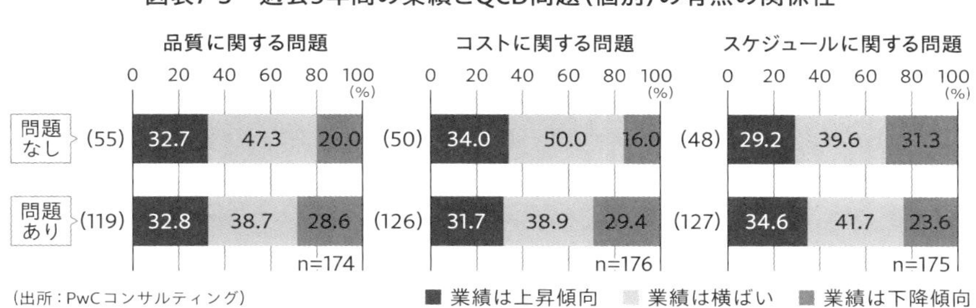

（出所：PwCコンサルティング）

- 「コストに関する問題がない」と回答した企業は、「コストに関する問題がある」と回答した企業より、「業績は下降傾向にある」と回答した割合が0.54倍（29.4%→16.0%）と少ない

●スケジュール

- 「スケジュールに関する問題がない」と回答した企業は、「スケジュールに関する問題がある」と回答した企業より、「業績は上昇傾向にある」と回答した割合が0.84倍（34.6%→29.2%）と少ない
- 「スケジュールに関する問題がない」と回答した企業は、「スケジュールに関する問題がある」と回答した企業より、「業績は下降傾向にある」と回答した割合が1.33倍（23.6%→31.3%）多い

スケジュールに関しては、QCD問題がある企業の方が業績は良い傾向にあるという意外な結果が出たが、品質とコストに関してはQCD問題がない企業の方が業績は良い傾向にあるという、想定通りの結果となった。またQCD全般で見ても、QCD問題がない企業の方が業績は若干良い傾向にあると見て取れる結果だった。

［QCD-開発マネジメント］QCDに関する問題が少ない企業は、開発マネジメント水準が高い傾向

続いて、開発のQCDに関する問題の有無と、開発マネジメント水準9項目の関係性について見ていく。開発マネジメントの各項目について「業界トップレベル」「業界トップレベルではないが、成果が出て進化を継続している」（レベル5と4）との回答を「高水準」、「努力しているが、成果が出るには至っていない」「取り組みが根本的に不足し、成果が出ていない」（レベル2と1）との回答を「低水準」とした。「開発マネジメントが高水準」の企業と「開発マネジメントが低水準」の企業で、開発のQCDの問

題にどの程度差があるかを見てみると、以下の結果となった（図表7-4～図表7-10）。

アンケートでは、QCD問題の品質、コスト、スケジュール3項目に関してそれぞれ問題があるかを聞き、開発マネジメントの水準については図表6-2に示した9項目についてそれぞれ聞いた。したがって3×9の27通りのクロス集計結果を得ている（図表7-6、図表7-8、図表7-10）が、個々のクロス集計だけでは全体が分かりにくいため、開発マネジメント全般の水準の指標として9項目の集計結果の平均を利用した。すなわち、「品質」×開発マネジメント水準9項目平均を図表7-5、「コスト」×開発マネジメント水準9項目平均を図表7-7、「スケジュール」×開発マネジメント水準9項目平均を図表7-9に示す。さらに、27通り全部の平均を「QCD問題全般」×「開発マネジメント水準全般」の指標として図表7-4に示す。

●QCD問題全般

- QCD問題3項目、開発マネジメント水準9項目全部（27通り）についての平均では、「開発マネジメントが高水準」の場合の「QCDに関する問題がない」との回答は、「開発マネジメントが低水準」の場合の「QCDに関する問題がない」との回答より1.96倍（25.3%→49.7%）多い（図表7-4）

図表7-4　QCD問題の有無と開発マネジメント水準の関係性（27通りの平均）

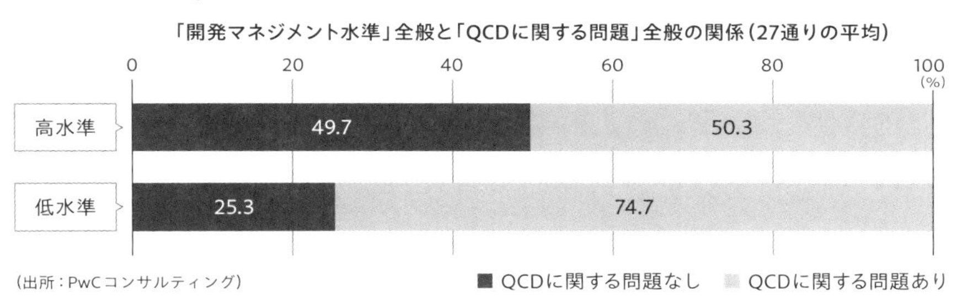

（出所：PwCコンサルティング）

●品質

- 開発マネジメント水準9項目についての平均では、「開発マネジメントが高水準」の場合の「品質に関する問題がない」との回答は、「開発マネジメントが低水準」の場合の「品質に関する問題がない」との回答より2.36倍（26.1%→61.6%）多い（図表7-5）
- 個別の開発マネジメント水準項目については、特に「投資戦略」に関する開きが2.88倍（27.0%→77.8%）と大きい（図表7-6）

●コスト

- 開発マネジメント水準9項目についての平均では、「開発マネジメントが高水準」の場合の「コストに関する問題がない」との回答は、「開発マネジメントが低水準」の場合の「コストに関する問題がない」との回答より1.39倍（26.1%→36.2%）多い（図表7-7）
- 個別の開発マネジメント水準項目については、特に「製品モジュール」に関する開きが1.93倍（23.0%→44.4%）と大きい（図表7-8）

●スケジュール

- 開発マネジメント水準9項目についての平均では、「開発マネジメントが高水準」の場合の「スケジュールに関する問題がない」との回答は、「開発マネジメントが低水準」の場合の「スケジュールに関する問題がない」との回答より2.16倍（23.8%→51.3%）多い（図表7-9）
- 個別の開発マネジメント水準項目については、特に「ナレッジ・技術資産」に関する開きが2.72倍（20.7%→56.3%）と大きい（図表7-10）

総じて、開発マネジメントが高水準である企業ほど、QCDに関する問題も少ないという結果だった。その中で、品質・コスト・スケジュールそれぞれで強く影響している開発マネジメント水準項目には違いが出た。

図表7-5　品質に関する問題の有無と開発マネジメント水準（9項目平均）の関係性

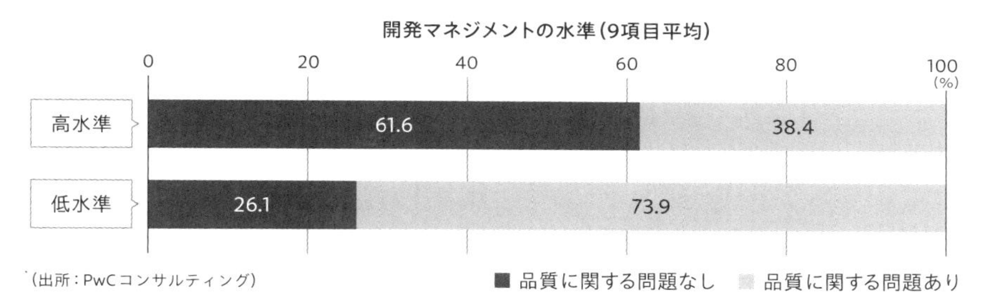

（出所：PwCコンサルティング）

図表7-6　品質に関する問題の有無と開発マネジメント水準（個別）の関係性

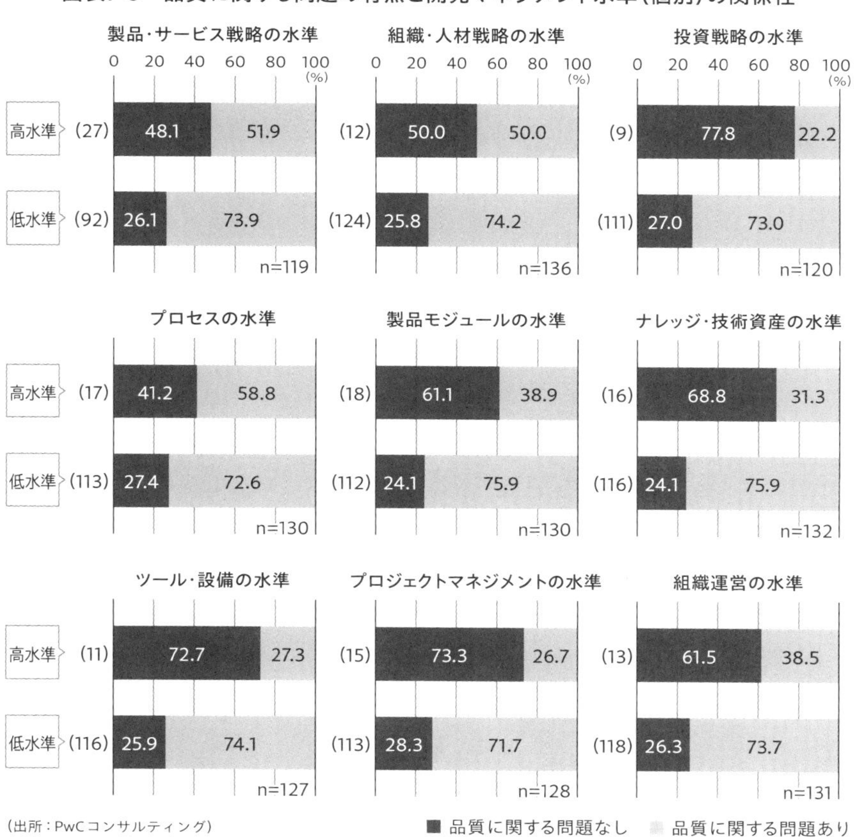

（出所：PwCコンサルティング）

図表7-7　コストに関する問題の有無と開発マネジメント水準（9項目平均）の関係性

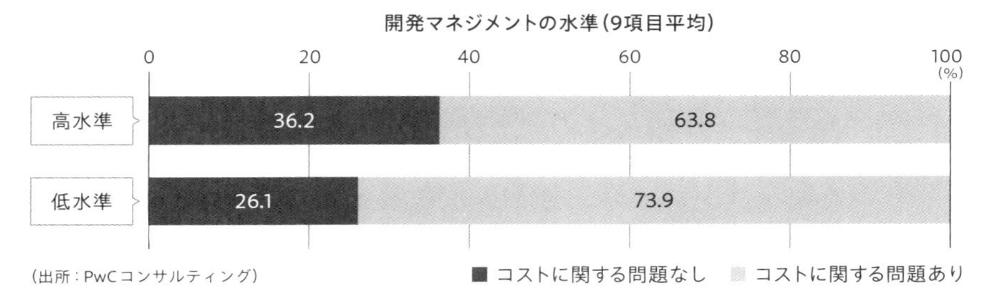

（出所：PwCコンサルティング）

図表7-8　コストに関する問題の有無と開発マネジメント水準（個別）の関係性

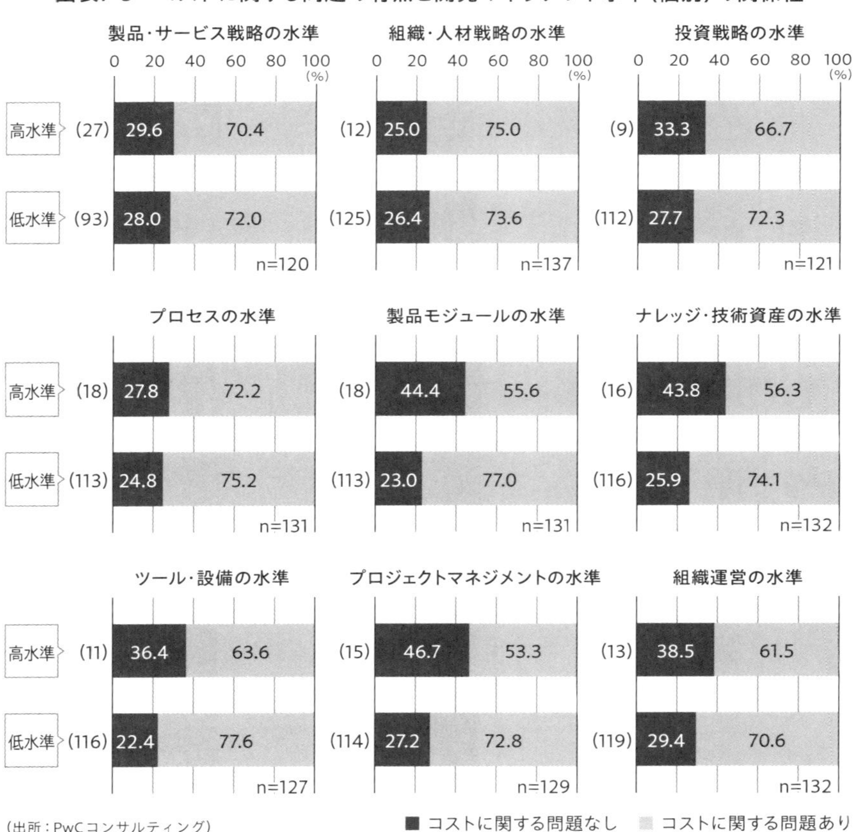

（出所：PwCコンサルティング）

図表7-9　スケジュールに関する問題の有無と開発マネジメント水準（9項目平均）の関係性

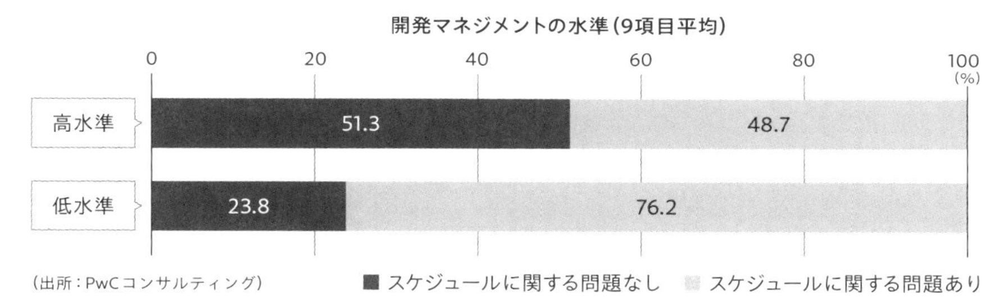

（出所：PwCコンサルティング）　■ スケジュールに関する問題なし　■ スケジュールに関する問題あり

図表7-10　スケジュールに関する問題の有無と開発マネジメント水準（個別）の関係性

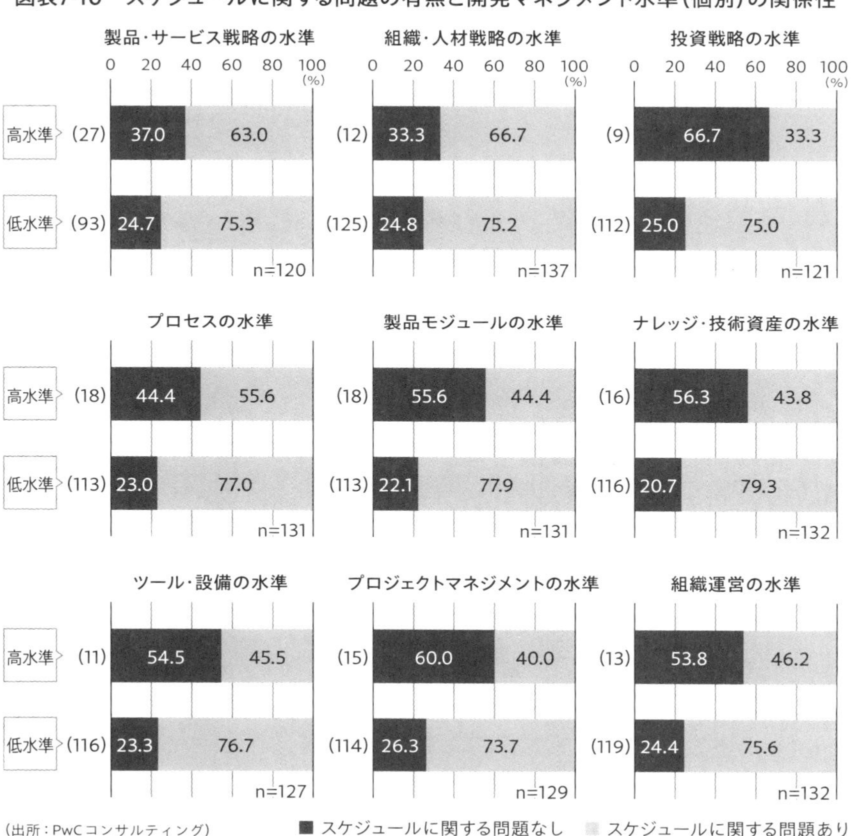

（出所：PwCコンサルティング）　■ スケジュールに関する問題なし　■ スケジュールに関する問題あり

すなわち、品質に関する問題には投資戦略、コストに関する問題には製品モジュール化の取り組み、スケジュールに関する問題にはナレッジ・技術資産が強く影響している。

[業績-開発マネジメント]業績が良い傾向の企業は、開発マネジメント水準が高い傾向にある

次は、過去5年間の業績の上昇または下降傾向と、開発マネジメント水準項目との関係性についての結果だ。開発マネジメント水準全般および各開発マネジメント項目水準について「高水準」の企業と「低水準」の企業で、「業績は上昇傾向」という回答にどの程度の開きがあるかを見てみると、以下のような結果となった(図表7-11、図表7-12)。

アンケートでは、開発マネジメント水準に関しては図6-2に示した9項目についてそれぞれ聞き、別の設問で過去5年間の業績が上向きか下向きかを聞いた。したがって業績と開発マネジメント水準の関係について9通りのクロス集計結果を得ている(図表7-12)。個々のクロス集計だけでは全体が分かりにくいため、開発マネジメント水準全般の指標として9項目の集計結果の平均を図表7-11に示した。

●開発マネジメント水準全般

- 開発マネジメント水準9項目についての平均では、「開発マネジメントが高水準」の場合の「業績は上昇傾向にある」との回答は、「開発マネジメントが低水準」の場合の「業績は上昇傾向にある」との回答より2.13倍(25.3%→54.0%)多い
- 同じく開発マネジメント水準9項目についての平均では、「開発マネジメントが高水準」の場合の「業績は下降傾向にある」との回答は、「開発マネジメントが低水準」の場合の「業績は下降傾向にある」との回答より0.71倍(29.5%→20.9%)と少ない

図表7-11　過去5年間の業績と開発マネジメント水準（9項目平均）の関係性

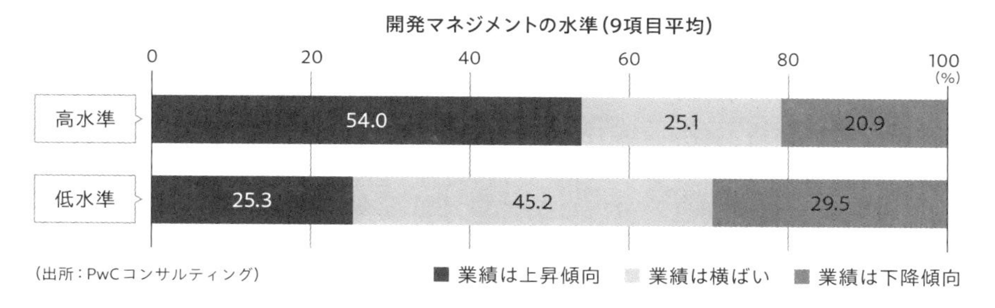

（出所：PwCコンサルティング）

図表7-12　過去5年間の業績と開発マネジメント水準（個別）の関係性

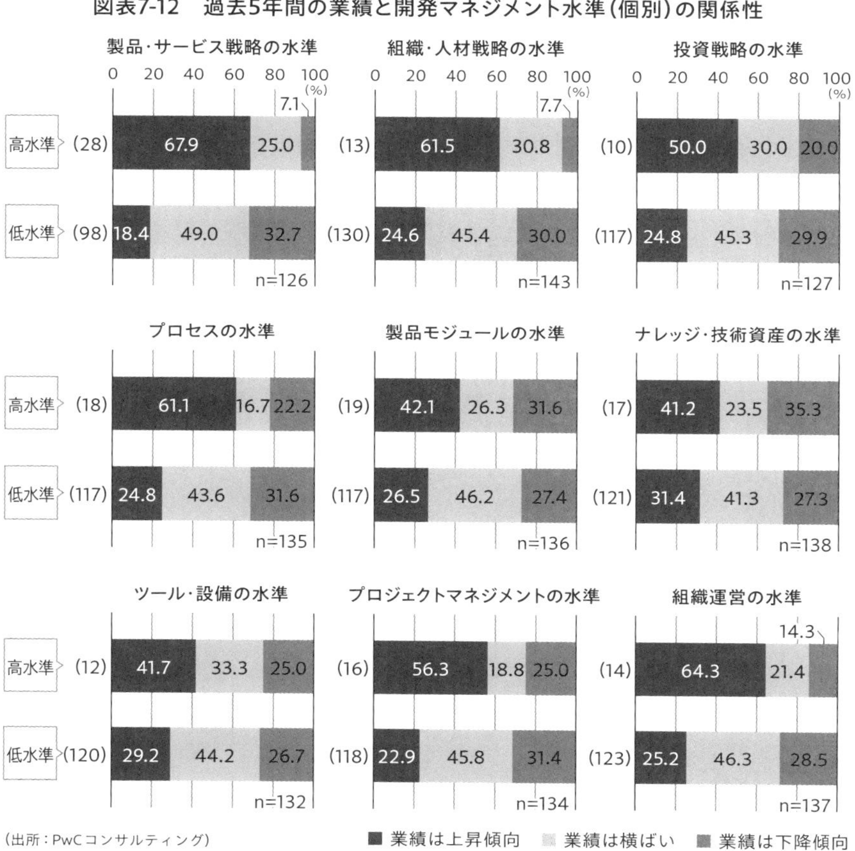

（出所：PwCコンサルティング）

●開発マネジメント水準各項目

- 「製品・サービス戦略」について「高水準」と回答した企業と、同項目について「低水準」と回答した企業との間では、「業績が上昇傾向」とした回答数の開きが3.69倍（18.4％と67.9％）と、開発マネジメント水準9項目の中で最も大きかった
- 同じく「製品・サービス戦略」について「高水準」と回答した企業と、同項目について「低水準」と回答した企業との間では、「業績が下降傾向」とした回答数の開きが4.61倍（32.7％と7.1％）と、開発マネジメント水準9項目の中で最も大きかった

これらより、企業の業績にダイレクトに影響している開発マネジメント水準項目は「製品・サービス戦略」であると推察できる。

開発マネジメントの水準向上がQCD改善と業績向上に有効

以上、「業績とQCD問題」「QCD問題と開発マネジメント水準」「開発マネジメント水準と業績」の3つの関係について調査結果を見てきた。開発マネジメント水準の高度化により、業績向上またはQCD問題の改善ができると示唆する結果が得られている。業績をダイレクトに上げるためには「製品・サービス戦略」を強化し、開発のQCD問題を改善するためには「投資戦略」（品質）、「製品モジュール」（コスト）、「ナレッジ・技術資産」（スケジュール）といった開発マネジメント項目の水準を強化することが重要であるとうかがえる。

また、QCDの問題の有無と業績の良しあしにも関係性が見られることから、業績アップに向けては、製品・サービス戦略の強化だけでなく、開発のQCD問題の改善に必要な開発マネジメント項目の水準の強化も有効であるといえる。

部品メーカーの開発マネジメント水準

自動車部品メーカーは他の業種と比較して、開発マネジメントがどのような水準にあるのだろうか。調査では「機械部品・電子部品メーカー」というくくりで聞いており、ここに自動車部品メーカーを含むので、「機械部品・電子部品メーカー」についての結果を見ていく。

図表7-13と図表7-14に各業種の開発マネジメント水準の平均点を示す。これは、レベル1を1点、レベル2を2点、以下同様にレベル5まで、レベルを点数に置き換えて算出した結果だ。図表7-13は開発マネジメント水準9項目全部について平均した点数で、回答者全体では2.10点であるのに対して、「機械部品・電子部品メーカー」は2.07点と、やや下回る結果となっている。

もう少し詳細に、先述した業績やQCD水準を引き上げるキーとなりそうな「製品・サービス戦略」「投資戦略」「製品モジュール」「ナレッジ・技

図表7-13　業種別の開発マネジメント水準(9項目平均)

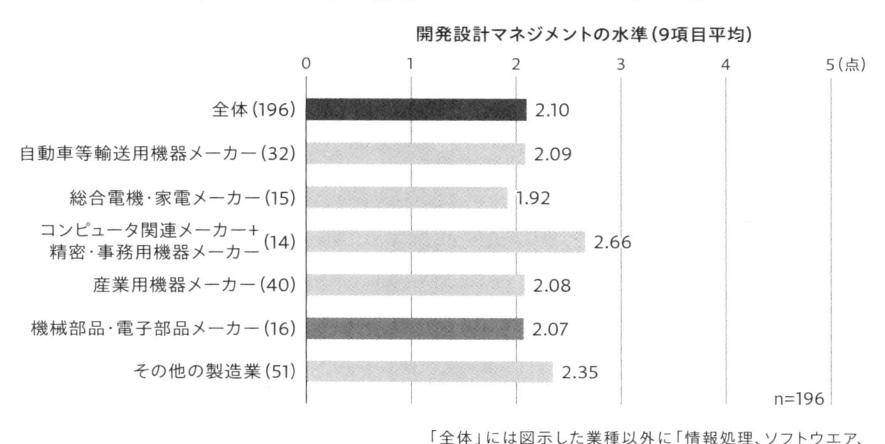

(出所:PwCコンサルティング)

「全体」には図示した業種以外に「情報処理、ソフトウエア、SI/VAR、教育、コンサルティング、その他」を含む

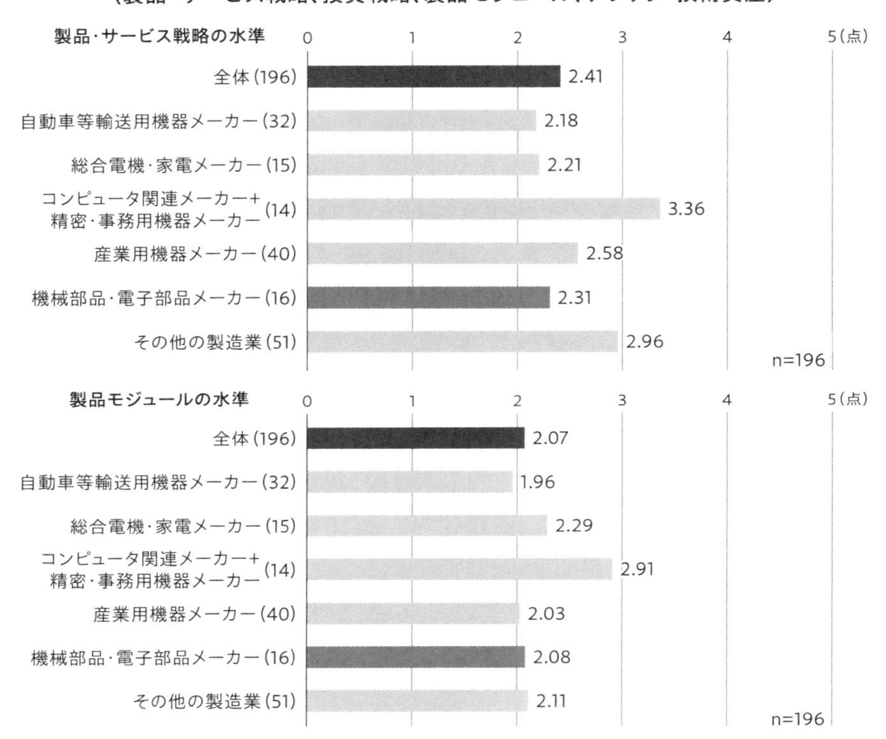

術資産」について業種別のデータを見てみる（図表7-14）。

「製品・サービス戦略」では、全体平均の2.41点に対して機械部品・電子部品メーカーは2.31点と下回っているが、「投資戦略」では全体平均の2.04点に対して2.13点、「製品モジュール」では全体平均の2.07点に対して2.08点、「ナレッジ・技術資産」では全体平均の2.09点に対して2.31点と上回っている。

これらの結果から、QCD問題を改善させる取り組みは平均以上に行っているものの、ダイレクトな業績アップに寄与しやすい製品・サービス

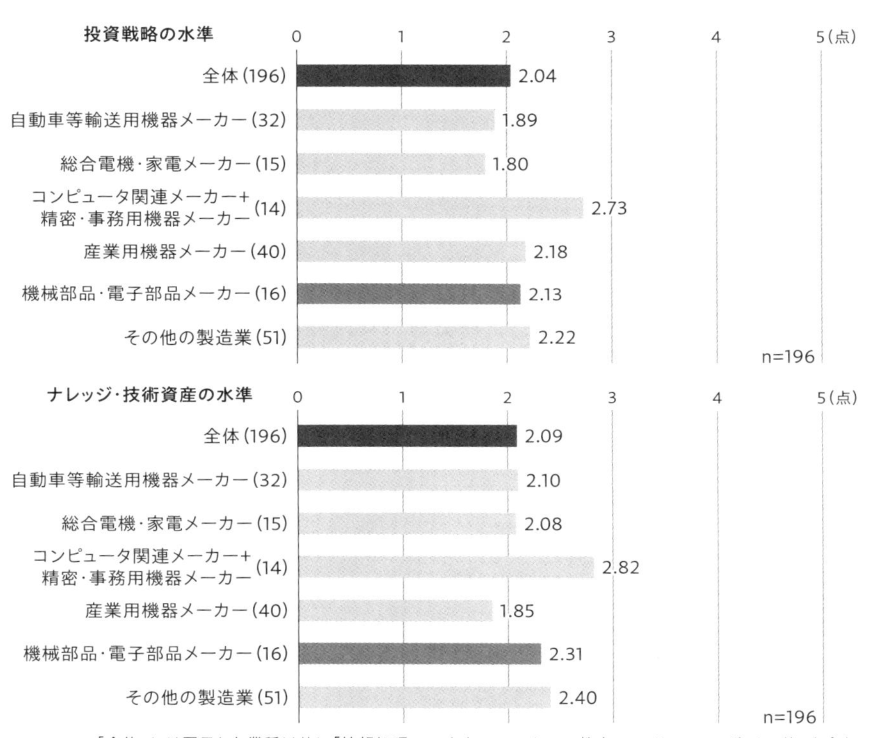

「全体」には図示した業種以外に「情報処理、ソフトウエア、SI/VAR、教育、コンサルティング、その他」を含む

戦略の強化が、自動車部品メーカー全般の課題ではないかと見て取れる。

以上で紹介した開発マネジメント実態調査の結果から、開発マネジメント水準のレベルアップが業績向上にもQCD問題の改善にも寄与することが示された。各社が開発マネジメント項目で課題を抱える部分を抽出し、それぞれの課題に応じた改革・改善テーマに取り組んでいくことが重要である。

次章からは、これら様々な開発マネジメント項目の水準を高めていくために取り組むべき改革・改善テーマについて解説する。

第Ⅲ部

部品メーカーの開発イノベーション

15のポイントおよび定着化7カ条

第8章

開発設計のイノベーションを進める15の取り組みテーマ

抜本的改革の重点に応じて選ぶ具体的施策

前章では、2022年にPwCコンサルティングが日経BPと連携して実施した「第2回 開発マネジメント実態調査」の結果を紹介した。この調査から、開発マネジメント水準の高度化により、企業の業績向上や製品のQCD（Quality：品質、Cost：コスト、Delivery：納期）に関する問題の改善を図れることが明らかになった。

その結果を踏まえて、本章では開発マネジメント水準を高度化させるために取り組むべき15の改革テーマについて概要を解説する。部品メーカーが開発イノベーションを進めるに当たって検討すべき内容は多岐にわたるが、筆者らの経験からここで紹介する15個が代表的なテーマだと考えている。

開発マネジメントのフレームワーク

15の改革テーマの解説に入る前に、まずは開発マネジメント実態調査の骨組みとなっている開発マネジメントのフレームワークを再確認する（図表8-1）。開発マネジメントのフレームワークの詳細については、本書の第6章をご覧いただきたい。

次に、15の改革テーマの概要を説明する。この15テーマへの取り組みにより、開発マネジメント水準（開発マネジメントのフレームワーク各視点の水準）が高度化され、開発イノベーションが進み、QCD問題の改善や業績向上に結び付いていくと考えている。

開発イノベーションを実現する15の改革テーマ

開発イノベーションを実現するための15の改革テーマは、以下の通り

図表8-1　開発マネジメントにおける9つの視点の概要（図表6-2再掲）

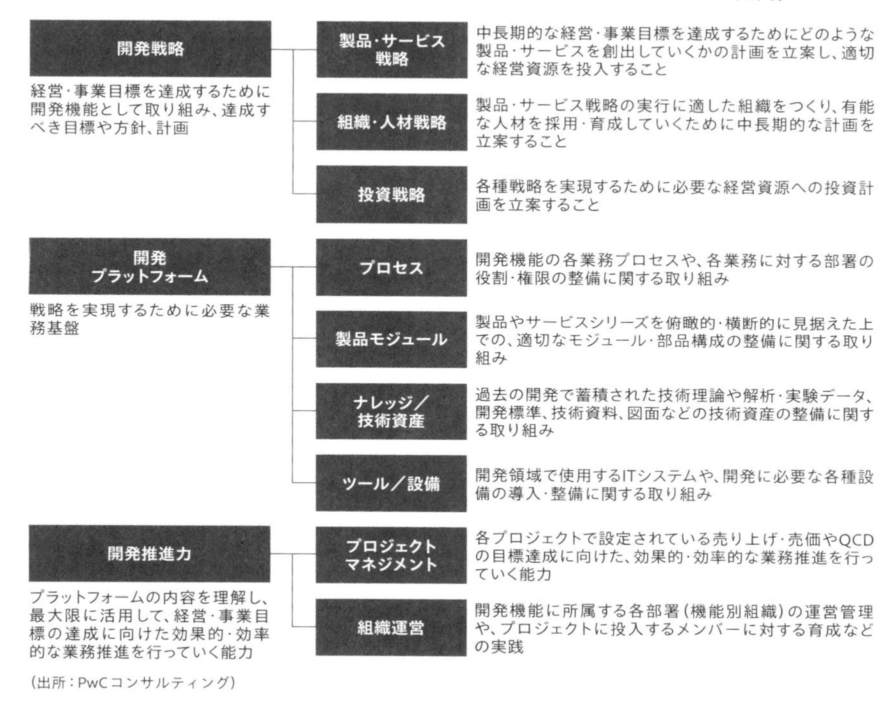

（出所：PwCコンサルティング）

である（図表8-2）。

（1）未来の洞察・創造
（2）戦略の明確化・具体化
（3）テーマの取捨選択
（4）外部連携・M&A強化
（5）技術開発・蓄積
（6）製品モジュール整備
（7）原価企画→利益企画
（8）事前型プロセス構築
（9）組織構造の最適化
（10）組織風土の活性化
（11）プロジェクト（PJ）管理の高度化
（12）機能別組織の高度化
（13）技術者のスキル強化
（14）海外拠点の高度化
（15）デジタル／ツール強化

図表8-2　開発イノベーションを実現する15の改革テーマ

1. 未来の洞察・創造

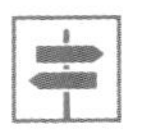

- 未来構想しない
- SF世界
- 現在の延長にある世界

事実・潮流+クリエイティビティーによる未来構想

起こり得る未来を描き、その未来を自主的に創造する

2. 戦略の明確化・具体化

Strategy…?
???

不明・曖昧な戦略を明確化し具体的な実現プランを描く

5. 技術開発・蓄積

活用しにくい過去データ

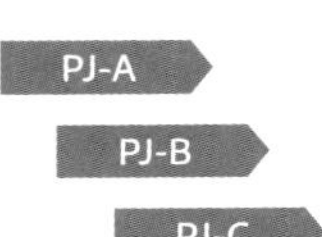

開発・整備された技術資産

中長期的な技術開発や過去の技術資産を蓄積する

6. 製品モジュール整備

PJ-A
PJ-B
PJ-C
PF開発
PJ-A
PJ-B
PJ-C

製品構造を見直しプラットフォーム型の開発にシフトする

9. 組織構造の最適化

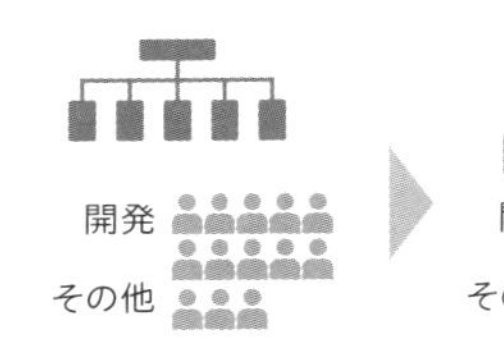

業務改革を実現できる組織構造・人員配置に変える

10. 組織風土の活性化

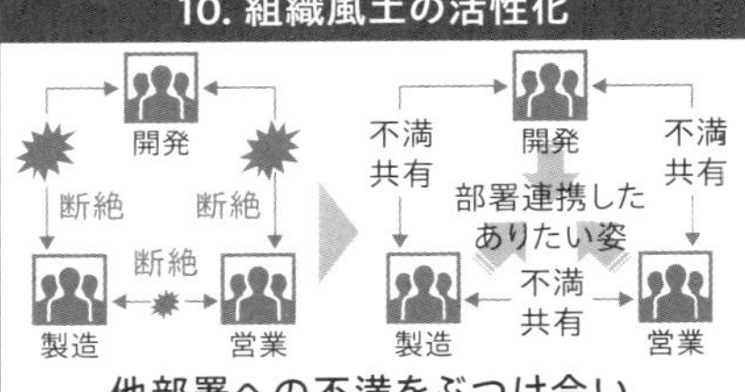

他部署への不満をぶつけ合い部署間連携の素地をつくる

13. 技術者のスキル強化

場当たりOJT
役立たずOff-JT

計画的OJT
実践的Off-JT

効果的・効率的な教育システムを整備し、技術者を育成する

14. 海外拠点の高度化

海外は無管理または押し付け

拠点に合わせた管理基盤を構築

各拠点の事情に合わせた運営や管理基盤を整備する

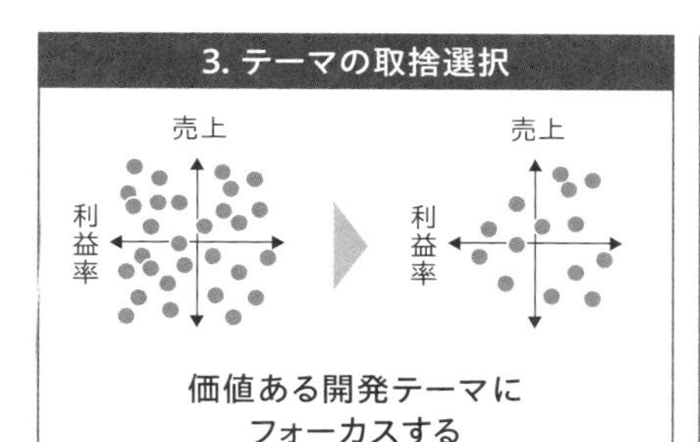

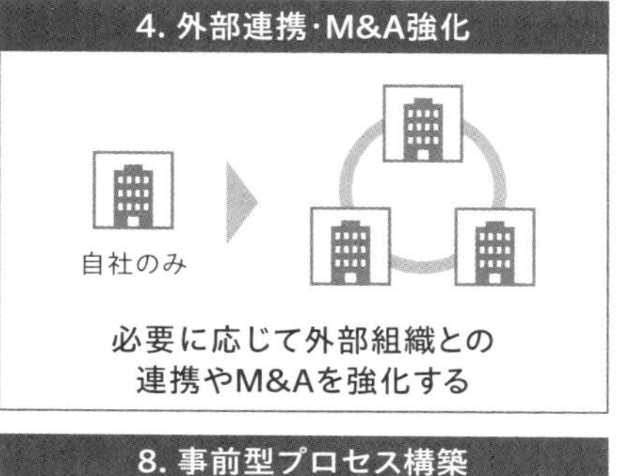

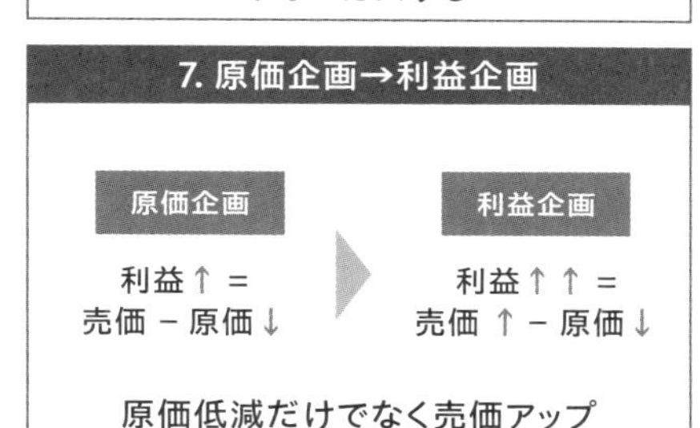

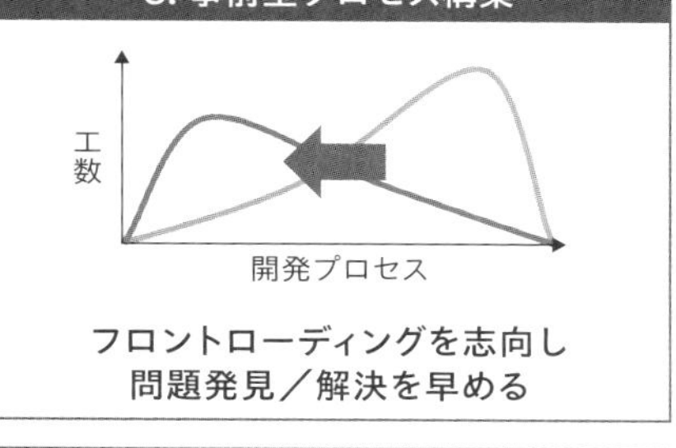

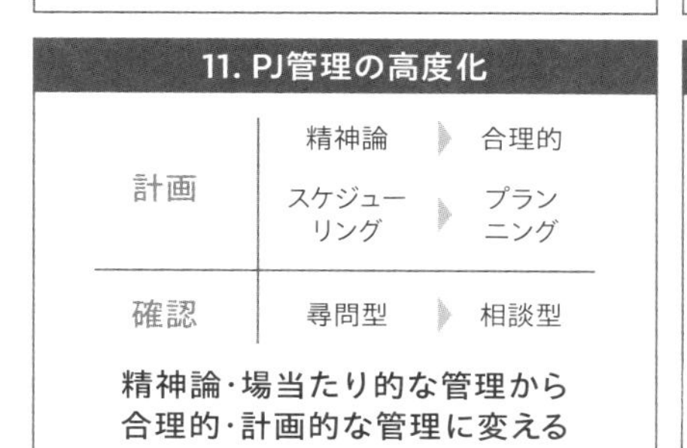

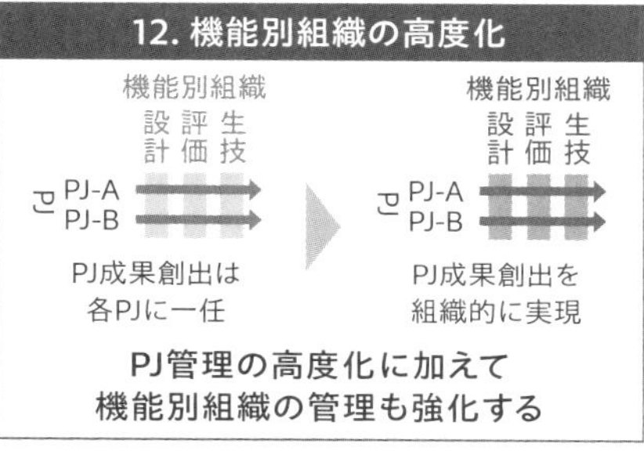

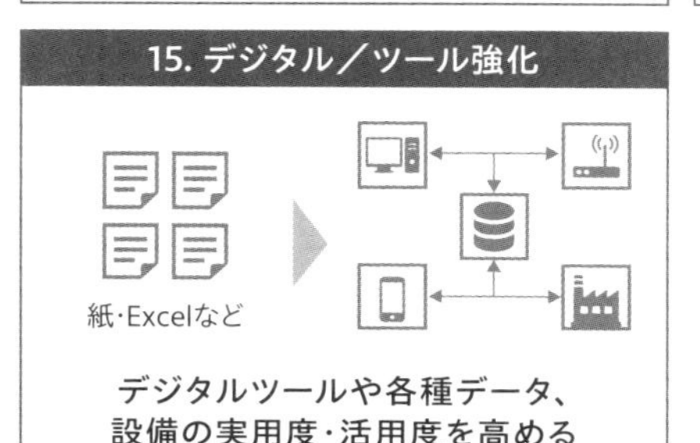

(出所：PwCコンサルティング)

開発マネジメントの視点と15の改革テーマの関係性

この15の改革テーマと、開発マネジメントのフレームワーク各項目の関係を整理しておく。どの改革テーマに取り組むと、主にどのマネジメント項目の高度化に寄与しやすいかを表したのが図表8-3だ。

冒頭で触れた開発マネジメント実態調査からは、業績向上を図る上で「製品・サービス戦略」の高度化に注力すべきだという結果が出ている。特に部品メーカーの場合、この項目の水準が他業種と比較して低い結果

図表8-3　開発マネジメントの視点と15の改革テーマの関係性

開発マネジメント視点／15の改革テーマ	開発戦略			開発プラットフォーム				開発推進力	
	製品・サービス戦略	組織・人材戦略	投資戦略	プロセス	製品モジュール	ナレッジ／技術資産	ツール／設備	プロジェクトマネジメント	組織運営
1. 未来の洞察・創造	○	○	○						
2. 戦略の明確化・具体化	○	○	○						
3. テーマの取捨選択	○	○	○						
4. 外部連携・M&A強化	○	○	○						
5. 技術開発・蓄積			○			○			
6. 製品モジュール整備	○				○				
7. 原価企画→利益企画	○								
8. 事前型プロセス構築				○		○			
9. 組織構造の最適化		○							○
10. 組織風土の活性化		○						○	○
11. PJ管理の高度化								○	
12. 機能別組織の高度化		○						○	○
13. 技術者のスキル強化		○							○
14. 海外拠点の高度化	○			○		○	○	○	○
15. デジタル／ツール強化							○		

（出所：PwCコンサルティング）

にある。業績向上に向けて、「製品・サービス戦略」の列に○が付いている改革テーマに重点的に取り組んでいくことをお勧めする。

以下、15のテーマそれぞれについて概観していく。

●テーマ1「未来の洞察・創造」

CASE（Connected：コネクテッド、Autonomous：自動運転、Shared：シェアリング、Electric：電動化）の進展に伴い、自動車産業が大きな変革を迫られる中、既存の延長線上の製品・サービス開発では事業の存続が難しくなる事態が様々な企業に起こり得る。自動車以外の産業まで幅広く見渡し、自社の強みとする経営資源（技術、販路、製造拠点など）に立脚して新たな市場・顧客を見いだし、開発テーマを検討していかなければならない。そのような場合、10年以上先の未来を現状の延長線上ではなく、固定観念にとらわれずに想像し、そこから遡って（バックキャストして）3年後、5年後、7年後といった段階の未来を描く。その起こり得る未来の社会に向けて開発すべき製品・サービスを企画する取り組みが必要になってくる。

●テーマ2「戦略の明確化・具体化」

多くの自動車部品メーカーでは、これまでの主たる顧客であった完成車メーカーから要求された製品・サービスを提供していれば、特に自社で精緻な戦略を立てなくても、安定的に事業を運営できる状況だった。しかしながらCASEの進展に伴い、既存顧客（完成車メーカー）だけでは事業が成り立たなくなってくると、これまでの完成車メーカーに依存した「待ち型」スタンスから「自主企画型」スタンスに転換せざるを得ない。経営戦略→事業戦略→製品・サービス戦略→開発実行戦略といった流れで、戦略を明確化・具体化していく必要性が出てきた。

●テーマ3「テーマの取捨選択」

労働力人口の減少や長時間労働の制約などから、開発業務に投入できる工数は減少しており、「業務効率化」だけでは工数削減に限界が生じる状況になってきている。開発工数の削減には「業務量削減」という、もう1つのアプローチもある。これは、価値ある開発テーマにフォーカスし、開発テーマ数（開発業務量）を減らしながらも既存の売り上げ・利益を確保していくアプローチだ。具体的には、製品やサービスの企画を高度化して、付加価値を強化して売価を高く設定する、既存のビジネスモデルや市場・顧客を再考して新たなキャッシュポイントを見いだす、などの工夫が必要となる。

●テーマ4「外部連携・M&A強化」

部品メーカー各社とも、以前に比べて自前主義が減少し、外部組織を活用した開発が進んでいるが、市場取引や連携・M&Aにはまだ課題も多く見られる。例えば、大企業と中小企業やベンチャー企業が連携するケースにおいては、受発注の契約上の立場の違いから生じる問題（大企業が中小企業やベンチャー企業を上から見る、理不尽な対応をする）などもあり、良好な関係の持続が難しく、連携先が頻繁に変わるようなこともある。また、技術者の不足をアライアンスやM&Aで補おうとするものの、候補先の企業の見極めが不十分であり、両社の思惑がなかなか合わず、意図した人員獲得ができないようなケースもある。人手不足が生じている現状において、このような技術リソースの外部活用を効果的・効率的に行うことは、重要なテーマの1つとして挙げられる。

●テーマ5「技術開発・蓄積」

顧客からの過度な品質・納期・価格要求や社内の開発工数不足などから、目先の開発案件に忙殺され、中長期的な技術開発への投資が年々難しくなる傾向が見られる。そのような状況下では、「テーマ1 未来の洞察・創造」や「テーマ2 戦略の明確化・具体化」といったテーマの高度化を起点にして、効果的・効率的な技術開発投資を行う、これまでの開発案件で培った技術資産の有効活用をさらに進める、といった対応が必要となる。技術資産の活用には、資産の質・量の高度化、資産を活用するインセンティブ設計や風土の改革、資産検索システムの高度化など、様々な取り組みが求められる。

●テーマ6「製品モジュール整備」

顧客ニーズの多様化に応えるために製品バラエティーを増加させた結果、管理しなければならない部品点数や種類が増えた企業が多く存在している。部品点数や種類が増えるほど、開発側の管理コストだけでなく、製造側の機械設備や金型、治工具、材料なども多くの種類が必要となり、製造コストの上昇にもつながる。さらに受注の都度、仕様・機能を検討している企業の場合、自社製品の標準モデルを構築しにくく、顧客の「ご用聞き営業」になりがちで、提案型の営業が難しくなるといった問題も発生する。これに対して、製品モジュールの整備や、仕様・機能の標準化(製品標準化)を進める必要がある。

●テーマ7「原価企画→利益企画」

部品メーカー各社は、これまで血のにじむような業務効率化や製品のコストダウンを推進し、一定の成果を上げてきたが、その取り組みはかなり限界に近づいてきているという実感があるのではないだろうか。それに比べると、売価設定・改善に対する取り組みには、工夫の余地がまだ残されている可能性がある。部品メーカーの場合、顧客である完成車メーカーに対して価格のイニシアチブが取れないと諦めているケースを多々目にするが、売価設定・改善の進め方を工夫する余地は意外と残されている。

●テーマ8「事前型プロセス構築」

製造業でフロントローディング型(事前型プロセス)開発が提唱されて既に30年以上が経過し、リスク抽出やDR(デザインレビュー)、評価・実験などの業務の高度化や、CAD／CAEやIDE(統合開発環境)といったツールの高度化が進展した。しかしながら、特にファームウエア／ソフトウエアを含む製品においては、後からでも変更が容易というメリットが逆に災いして、フロントローディングの阻害要因につながるケースも散見される。「フロントローディング≒ウォーターフォール型開発であり、現代はアジャイル型開発の時代」という捉え方は正しいとは言えず、フロントローディングを進化させる工夫の余地はまだある。

●テーマ9「組織構造の最適化」

このテーマは「テーマ8 事前型プロセス構築」と合わせて考えることがポイントだ。部品メーカー各社で事前型プロセスの定義・見直しが進んだものの、実際はそのプロセスが絵に描いた餅になっている企業が散見される。この1つの要因が、組織構造や役割分担の見直しが不十分なことだ。例えば、開発初期段階から製造性を考慮するプロセスを描いたものの、生産技術部門が初期段階に参画するための工数が取れない、というケースがある。過去の製品で発生した不具合の未然防止のために品質保証部門が初期段階に参画するプロセスを描いたものの、業務分掌が未整備で、忙しい時期に対応できないといった場合もある。開発部門ばかり人員が多く、その他部門との人員バランスが悪いため、本来は担うべきでないような業務まで開発部門が対応しているケースも多く見られる。

●テーマ10「組織風土の活性化」

組織構造や役割がいびつな状態で業務が行われていると、組織全体が疲弊し、部門間の壁が高くなっていく。最悪の場合、他部門の依頼を無視したり、いざこざが起きたりするようなケースさえある。そのようなことにならないよう、定期的に各部門やグループが、相手に対してどのような不満や困りごとを抱えているのかを吐き出させ、中立的な立場のファシリテーターが入り、双方の言い分をぶつけ合う場をつくる。最終的にはお互いが建設的な気持ちで着地できるように、部門間で連携して今後どのような改善を図っていくべきか議論し、実行に移していくような取り組みが重要である。このような取り組みを進めることで部門間の壁が徐々に低くなり、組織風土の改善につながっていく。

●テーマ11「プロジェクト（PJ）管理の高度化」

製品開発プロジェクトの大規模化・複雑化に伴い、以前から多くの企業がプロジェクトマネジメントに課題を抱えている。どの企業もプロジェクトマネジメントの改善について試行錯誤してきたが、目覚ましい効果をなかなか上げられていないといった状況が散見される。これまで多くの企業が取り組んできた内容を俯瞰（ふかん）してみると、プロジェクトで運用するドキュメントや確認ポイント、手法・ツールといった「管理項目」に対するマネジメントが主となっている。「静的」な、「管理すべき項目をもれなく管理・運用できているか？」といった視点が強い傾向であった。これと比較して、プロジェクトのPDCA（Plan、Do、Check、Action）サイクルの循環方法に対するマネジメントへの取り組みはまだ不十分な企業が多く、「理想的なPDCAサイクルの循環を促す対応ができているか？」といった「動的」な視点のマネジメント強化が重要なポイントであると考えられる。

●テーマ12「機能別組織の高度化」

「テーマ11 プロジェクト（PJ）管理の高度化」に加えて、プロジェクト成果を向上させる上で重要なのが機能別組織のマネジメントだ。機能別組織とは、開発部、設計部、評価実験部、生産技術部といった、プロジェクトに人員をアサインする各部署のことを指す。プロジェクトへ投入するリソースの調整、工数管理、プロジェクトで習得した知見のナレッジ化、人材育成などの役割を担う。機能別組織のマネジメントが不十分だと、各人員の負荷のばらつき、プロジェクトと人材のスキルミスマッチ、人員過不足への対応の遅延、技術ナレッジの欠如、人材の育成遅延など、組織全体に様々な悪影響を与える。まずは各部署の人員の負荷状況を可視化し、人員の最適配置やタイムリーな見直しなどに取り組むことがポイントだ。

●テーマ13「技術者のスキル強化」

技術者のスキル強化に向けた人材育成の取り組みも以前から課題として顕在化していたが、昨今は開発工数がなかなか確保できない中で人材育成の活動を並行して実施せざるを得ず、より効果的・効率的な取り組みが求められている。一方で、忙しい開発現場でのOJT（オン・ザ・ジョブ・トレーニング）が場当たり的に行われていたり、何か問題が発生するたびに追加されるOff-JT教育メニューの内容が重複して分かりづらかったりと、非効率な育成になっている企業を多く目にする。人事部門も、専門性の高い技術部門の教育内容まではなかなかフォローできない実態が見られる。全社的に、いかに技術者育成を改革していくかは重要なテーマの1つとして挙げられる。

●テーマ14「海外拠点の高度化」

グローバル拠点全体での開発／製造のQCD最適化を目指し、派生開発だけでなく、基幹技術開発、製品開発、製造機能の海外拠点連携や協業企業との連携を行う企業が増えてきている。開発／製造機能のグローバル化はコスト面、リードタイム面でのメリットが大きく、BCP（事業継続計画）の観点では生産移管を実行しやすくなるため、早期のリカバリーも可能になる。その一方で、連携の複雑さや地域ごとの環境・文化の違いにより、なかなかマネジメントがうまくいっていないケースも散見される。これらの状況に鑑みて、開発機能のグローバル化を進める上で、業務プロセス、人材、技術資産、システム／セキュリティなど、様々な視点からマネジメントシステムを最適にローカライズしていく取り組みが求められている。

●テーマ15「デジタル／ツール強化」

昨今、DX（デジタルトランスフォーメーション）というキーワードが流行し、部品メーカー各社では開発領域のDXの取り組みも進められているが、局所的な取り組みにとどまり、抜本的な業務改革や目覚ましい成果に結び付かないといった企業を多く見かける。開発機能は他の業務機能と比較して創造性が高い特徴があり、作業的な業務より思考的な業務が多い傾向がある。そのため、開発機能で抜本的なDXを実現するためには、いきなりデジタル／ツールの導入といった短絡的・作業的な視点から入らず、まずは創造性の高い思考的な業務を高度化するには何に取り組むべきかといった視点から入ることが重要だ。上で解説した1～14のテーマをまずは検討し、それらを効果的・効率的に進める上で、デジタル／ツールをどう活用すべきか考えることがポイントだ。

以上述べてきた15の改革テーマについて、次章から詳細を解説する。

第9章

各論解説・
15の取り組みテーマ

15のテーマ①

未来の洞察・創造

前章までに概要を紹介した15の改革テーマの詳細について解説する。最初のテーマは「未来の洞察・創造」である。

既存の延長線上の製品・サービス開発では事業の存続が難しい状況であれば、自動車以外の産業まで幅広く見据えて新たな市場・顧客を見いだし、開発テーマを検討していかなければならない。そのような場合、今後10年を超えるような未来を描く必要も出てくる。

10年以上先の未来を描くアプローチには大きく分けて「フォーキャス

図表9-1-1　将来が不透明な市場に対する、未来の洞察・創造の必要性

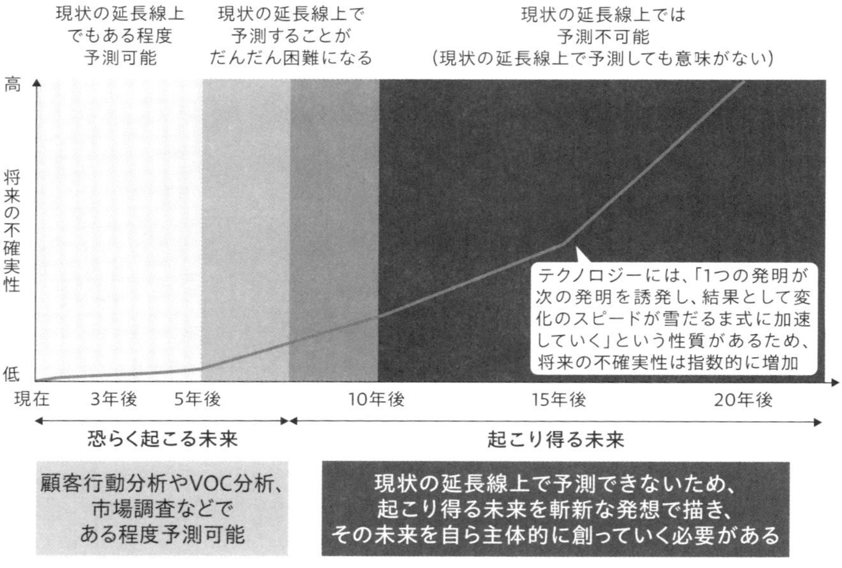

（出所：PwCコンサルティング）　VOC：Voice of Customer

ト型」と「バックキャスト型」の2種類がある。フォーキャスト型は、10年以上先であっても、現状の延長線上でおおむね検討できる市場に対するアプローチだ。将来の姿について、社会や業界で既にコンセンサスが得られていて、ロードマップなども明確で、あとはそれに沿ってビジネスを展開していくような市場が該当する。

一方、バックキャスト型は将来の姿がかなり不透明で、この先どうなるか見通しが立てにくい市場に対してのアプローチだ。これは、テクノロジーが新しく、1つの発明が次の発明を誘発し、結果として変化のスピードが雪だるま式に加速していくという特徴の強い市場が該当する。このような市場の場合、現状の延長線上で予測できる未来は長くても5年程度である（図表9-1-1）。それ以降の未来を構想するには、起こり得る未来を斬新な発想で描き、その未来を実現するには何が必要かを検討（バックキャスト）し、自ら主体的に創っていくといった、特別な取り組みが必要になる。

未来を洞察・創造していく具体的な1つの方法を以下に提示する（図表9-1-2）。

● (1) 重点検討領域の設定

まず、洞察したい将来（2040年など）についての情報を整理する。メガトレンド（今後の世界のあり方を形成するほどの影響力を持つ大きな流れ）や未来が想起される兆候の事例、産業構造の変化に大きな影響を及ぼしそうなキーワード（例：人口増加を制御する仕組みができる、睡眠が不要になる、など）、特許・研究論文情報などを抽出・整理していく。

その後、整理した情報の中から重点検討領域を設定する。重点検討領域とは、抽出・整理したキーワードをもう少し具体化したテーマで、単一または複数の産業構造を変革し得る、あるいは産業内の特定領域を変革し得るものだ。これらのうち、自社として取り組みを進めていこうと考えられるテーマを設定する。例を挙げると、「全ての物をエネルギーや資

図表9-1-2　未来の洞察・創造アプローチ

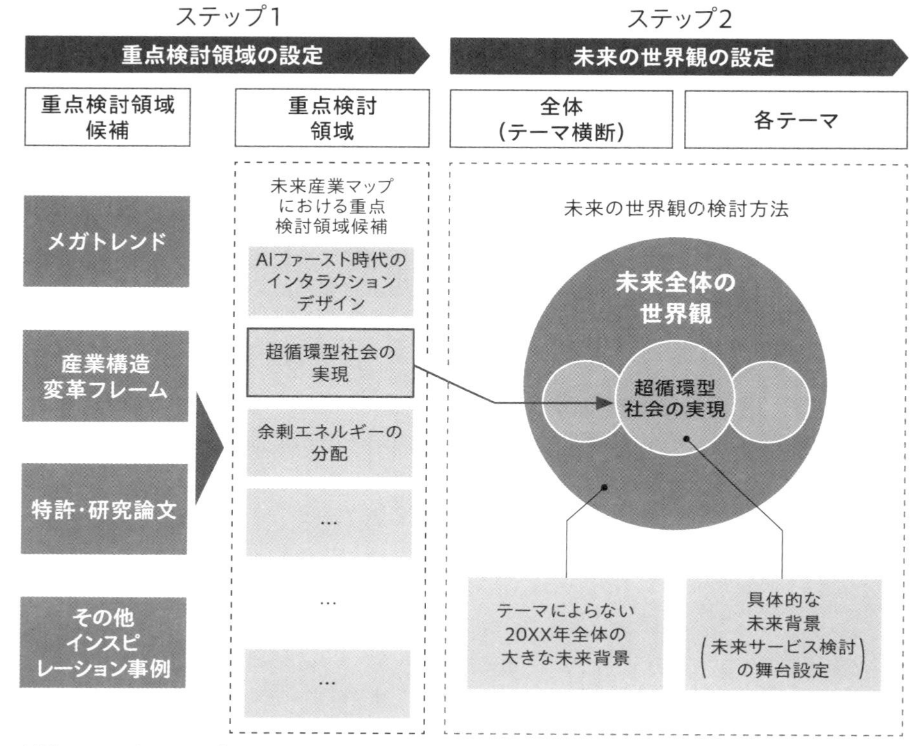

（出所：PwCコンサルティング）

源に変換する社会と経済」「あらゆる人の働き方を肯定する社会」などだ。

●（2）未来の世界観の設定

設定した重点検討領域に対して、未来全体を具体的に構想していく。関連する未来の予兆に関する情報を多方面から調査・分析する。そして、描いた未来に存在するコンシューマー（生活者）やビジネスユーザーを想起し、その人たちが保有しそうな価値観や文化、ニーズやウォンツなどを検討する。

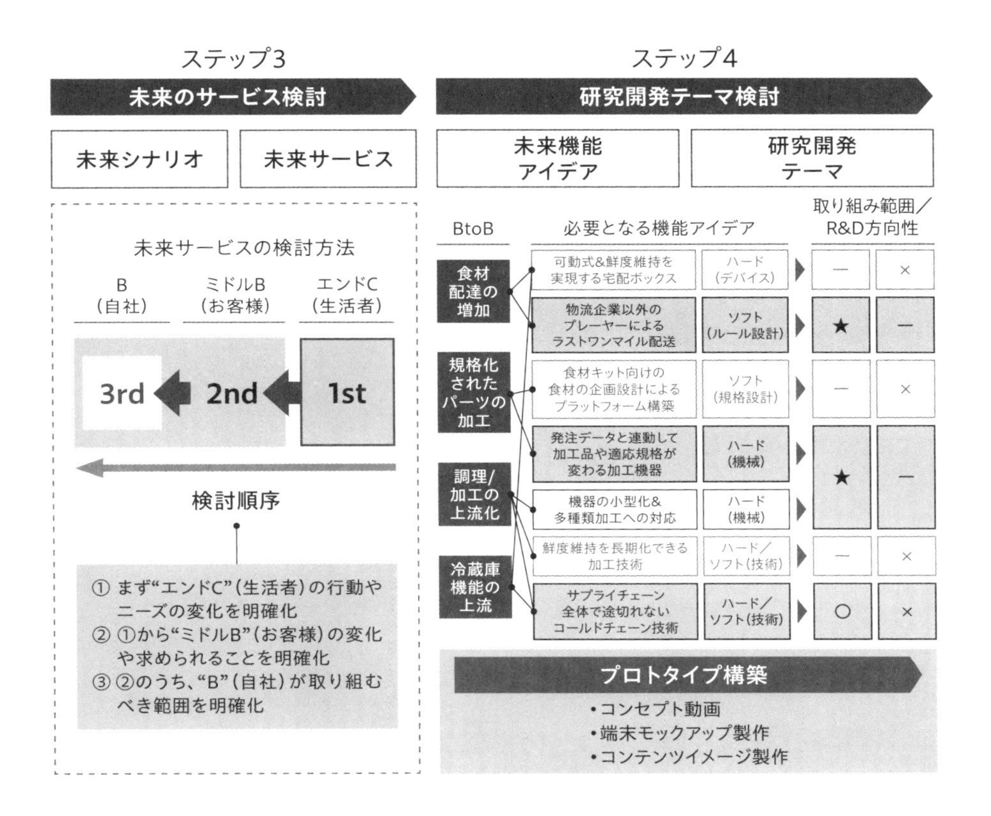

(3)未来のサービス検討〜(4)研究開発テーマ検討

描いた未来の世界観を踏まえて、そこで必要となる製品・サービスを構想し、具体化していく。そして、その製品・サービスを実現するために必要となる技術コンセプトを抽出していく。例えば、「様々な人と人間関係の新しい形を構築できる『コミュニティー・コーディネーション・サービス』」「デジタルツイン同士を相互作用させ、その影響をシミュレーションする技術」などだ。

15のテーマ②

戦略の明確化・具体化

既存顧客（完成車メーカー）から依頼される仕事だけでは事業が成り立たなくなってくると、自動車部品メーカーは企業としてのスタンスをこれまでの「待ち型」開発から、「自主企画型」開発へと転換していく必要も出てくるだろう。その際に重要なのが、経営戦略→事業戦略→製品・サービス戦略→開発・設計戦略といった戦略策定の流れを明確化・具体化し、実行していくことだ。

図表9-2-1　開発マスタープランのイメージ

			2025年	2026年	2027年	2028年
経営・事業目標	全社	売上高	•企業全体の計画			
		営業利益				
	セグメント別	売上高	•経営戦略（中計など）に対して当該事業部門が達成すべき収益目標			
		営業利益				
開発戦略	開発目標	1テーマ当たりの収益目標	•当該事業部門が達成すべき収益目標に対して、開発部門が達成すべき目標・方針			
		開発テーマ数				
		1テーマ当たりの開発規模				
		開発費用				
		開発人員数				
		開発生産性				
		製品・サービス戦略				
		プラットフォーム戦略				
		組織・人材戦略				
開発マネジメント課題	開発プラットフォーム	開発プロセス	•開発部門の目標を達成するために取り組むべき開発・設計改革課題 •開発・設計改革課題を解決するための実行計画			
		製品プラットフォーム				
		ナレッジ／技術資産				
		ツール／設備				
	開発業務推進力	プロジェクトマネジメント				
		組織運営／人材育成				

（出所：PwCコンサルティング）

開発マスタープランの立案・運用

1つの方法として、開発マスタープランと呼ばれる一連の計画表の立案・運用がある（図表9-2-1）。開発マスタープランには、以下の要素が含まれる。

- 企業全体の計画
- 経営戦略（中計など）に対して、当該事業部が達成すべき収益目標
- 当該事業部門が達成すべき収益目標に対して、開発部門が達成すべき目標・方針
- 開発部門の目標を達成するために取り組むべき開発・設計改革課題

図表9-2-2　開発マスタープラン立案の3ステップ

（出所：PwCコンサルティング）

• 開発・設計改革課題を解決するための実行計画

この開発マスタープランは、以下のステップで立案していく（図表9-2-2、図表9-2-3）。

Step 1：経営・事業目標の確認　開発部門の目標のインプットとなる、企業・事業全体およびセグメントの収益目標を確認する。

図表9-2-3　開発マスタープラン立案の詳細手順

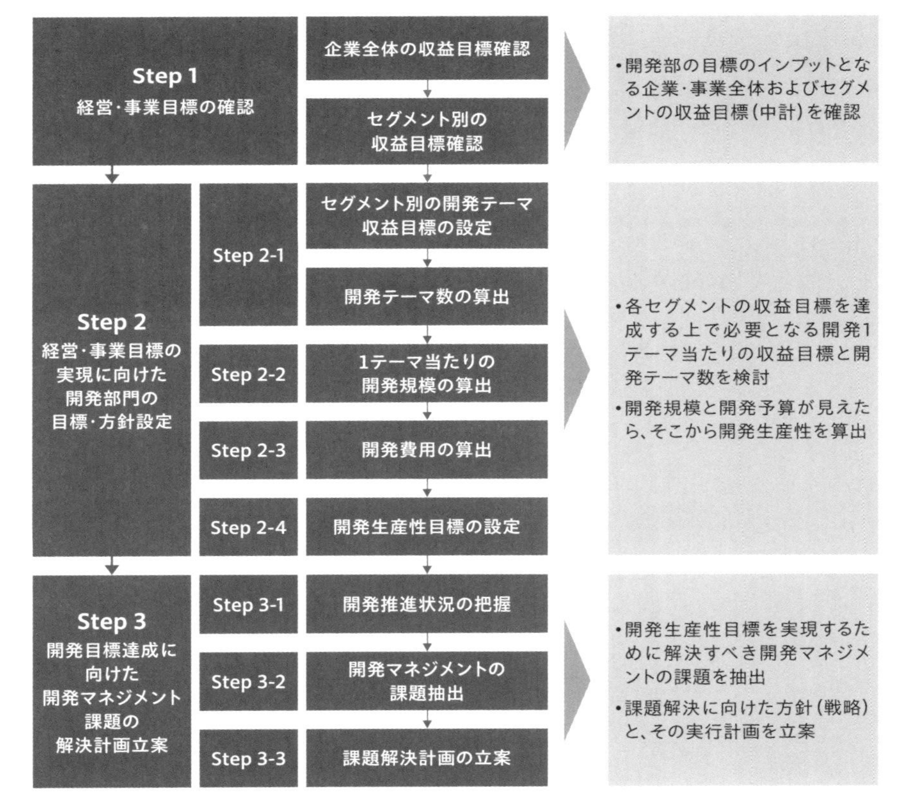

（出所：PwCコンサルティング）

Step 2：経営・事業目標の実現に向けた開発部門の目標・方針設定　各セグメントの収益目標を達成する上で必要となる、開発1テーマ当たりの収益目標と開発テーマ数を検討する。その後、各テーマ当たりの開発規模と予算を見積もり、そこから開発生産性を算出する。

＜Step 2の詳細ステップ＞

- Step 2-1：セグメント別の開発1テーマ当たりの収益目標の設定／開発テーマ数の算出
- Step 2-2：1テーマ当たりの開発規模の算出
- Step 2-3：開発費用の算出
- Step 2-4：開発生産性目標の設定

Step 3：開発目標達成に向けた開発マネジメント課題の解決計画立案　開発生産性目標を実現するために解決すべき開発・設計課題を抽出する。その後、各課題の解決に向けた方針と、その実行計画を立案する。

＜Step 3の詳細ステップ＞

- Step 3-1：開発推進状況の把握
- Step 3-2：開発マネジメントの課題抽出
- Step 3-3：課題解決計画の立案

15のテーマ③

テーマの取捨選択

少子高齢化による労働人員の減少や、いわゆる働き方改革などに伴って強まる長時間労働の制約などから、開発業務に投入できる工数は減少する傾向にある。そのような中、「業務効率化」のアプローチだけでは開発業務遂行上の状況改善に限界が生じつつある。

開発工数削減の対応方法にはもう1つ「業務量削減」という側面のアプローチもある。これは、価値の高い開発テーマにフォーカスし、開発テーマ数を減らしながらも既存の売り上げや利益を確保していくアプローチだ（図表9-3-1）。

図表9-3-1　開発工数削減に向けた2つのアプローチ

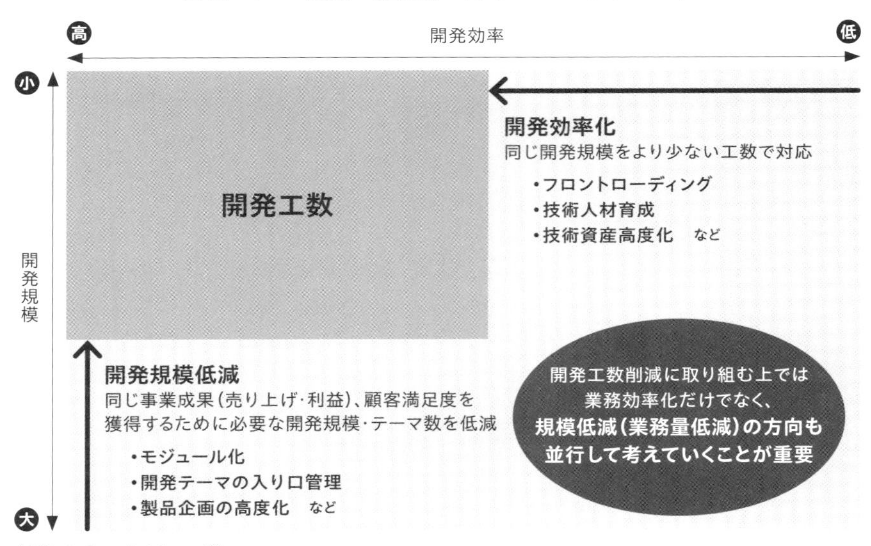

（出所：PwCコンサルティング）

図表9-3-2　収益期待値を踏まえた案件選定の事例

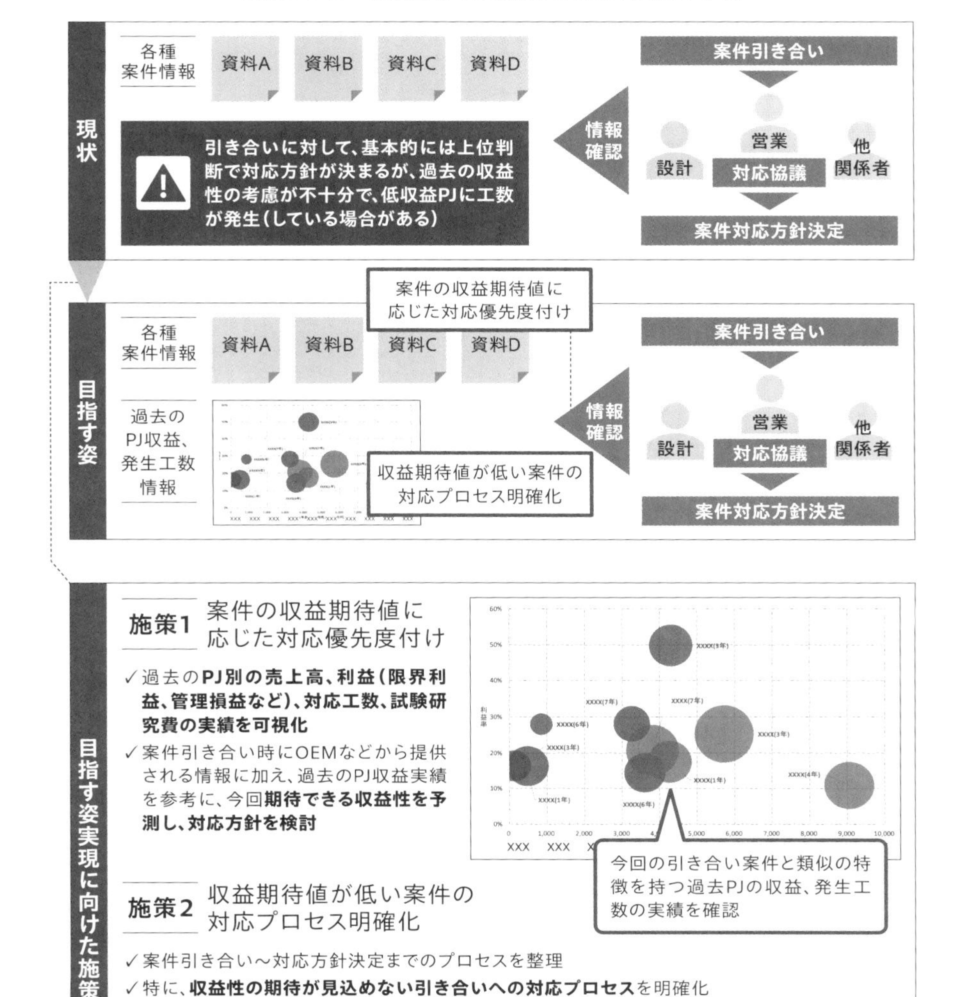

（出所：PwCコンサルティング）

収益期待値が低い案件の業務量を減らす

具体的には、過去の各種案件の売上高、利益、対応工数、開発費などの情報を可視化して、関係者間で共有できるようにする。顧客から案件引き合いが来た際、その情報を参考に売り上げや利益の期待、プロジェクト推進上のリスクなどを検討した上で、案件対応方針を明確化し、より高収益な案件への工数投入を図る。

これを実行する上では、収益期待値が低い案件への対応プロセスの明確化も重要だ（図表9-3-2）。顧客からの引き合いを断る際、今後の顧客との関係性をできるだけ崩さないような案件辞退の交渉プロセスを明確にしておき、個別のケースに合わせて柔軟に運用していく。

収益期待値が低い案件を断ると目標の売り上げや利益に到達しなくな

図表9-3-3　ビジネスモデルマップのイメージ

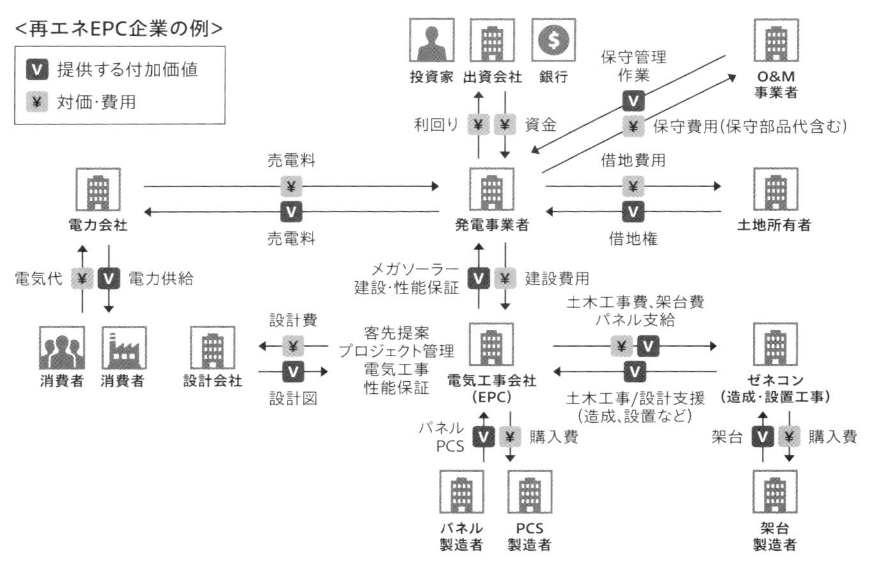

（出所：PwCコンサルティング）

図表9-3-4　様々な業界で適用されている課金モデル

		パターン	概要	課金モデル成功のポイント	例
基本モデル	1	シンプル物販モデル	商品やサービスを開発・製造し、顧客から対価を受け取るという、基本形ともいうべきモデル	商品やサービスが魅力的で、同種のものと比較して優位性を持っていることがポイント	•各種メーカー •各種建設業 •各種サービス業
	2	小売モデル	商品を造らず、仕入れて売るだけのモデル	競合も同じ商品の仕入れが可能なため、消費者の囲い込みがポイント	•各種小売店 •ネット通販
	3	広告モデル	商品の価格を抑えるか、あるいは無料にして広告で利益を上げるモデル	顧客獲得効果を増加させるため、媒体となる場所やものを明確にターゲティングすることがポイント	•民放テレビ局 •インターネットサービス企業 •フリーペーパー
	4	裁定モデル	市場間の価格や金利の差を利用して売買を行い、利ざやを稼ぐモデル。対象には金融商品のほか、不動産や事業なども該当	一時的に価値が下がっているものを発見し、価格を戻して売却するモデルのため、デューデリジェンスや事業再生のノウハウ、自社との親和性がポイント	•証券・不動産売買 •競合他社の事業再生 •他社の技術購入
	5	マッチングモデル	商品・サービスを提供する側と顧客を仲介するモデル	競合よりも情報提供者、顧客をいかに多く集められるかがポイント	•不動産仲介業 •転職支援サービス
複数回販売モデル	6	合計モデル	消費者を呼び込むための商品を用意し、「ついで買い」を狙うモデル	フックとなる安売り品と合わせて「余ったお金を使ってもいい」と思わせる商品を提供できるかどうかがポイント	•廉価な定番商品をフックとしたアパレルブランドのモデル •格安旅行パック
	7	二次利用モデル	商品を2度、3度と再利用するモデル	買い手の購買意欲をうまくくすぐるようなコンテンツ(ノウハウなど)のリユースができるかどうかが知恵の絞りどころ	•雑誌の単行本化 •顧客別ソフト開発のパッケージ化
	8	ライセンスモデル	開発済みの商品について二次利用する権利(ライセンス)を売買し、二次利用「させる」ことや「させてもらう」ことで収益を上げるモデル(二次利用モデルの変形)	二次利用できそうなコンテンツは保有しているが、技術がなくて事業化できない場合に、ライセンスの供与でインカムラインを増やせないか検討してみることがポイント	•参考書や辞書のスマホアプリ •アミューズメントキャラクターをモデルにしたゲーム
⋮	9	・・・	・・・	・・・	•・・・ •・・・

(出所：PwCコンサルティング)

る場合は、新たな顧客の開拓や、既存顧客から別の売り上げを獲得できる方法がないかを模索する必要が出てくる。これを行う上では、ビジネスモデルマップなどを活用して顧客のビジネスモデルを調査・分析したり、様々な業界で適用されている課金モデルなどを参考にしたりしながら、新たな製品・サービスの企画や、既存製品・サービスの付加価値向上の余地を探っていく活動などが求められる（図表9-3-3、図表9-3-4）。

15のテーマ④

外部連携・M&A強化

以前に比べて自前主義が減少し、外部組織と開発業務で連携する例を目にするようになったが、市場取引やアライアンス（提携）・M&A（合併・買収）にはまだ課題も多く見られる。例えば、大企業と中小企業やベンチャー企業が市場取引するケースにおいては、受注者と発注者としての

図表9-4-1　オープンイノベーションで大企業が気をつけるべきこと

1	オープンイノベーションの目的・方針の明確化	✓どの事業領域でベンチャー企業と連携が必要なのかを明確化する ✓「自社には何が存在し、何が不足しているのか？」「自社のコア技術や領域は何か？」「ベンチャー企業と連携するにあたり、どの部分まで技術をブラックボックス化するのか？」などを検討する
2	ベンチャー企業に対する「上から目線」からの脱却	✓「自社の新規事業を一緒にやらせてやる」のような上から目線のスタンスをやめる ✓業務委託契約よりも、オープンイノベーションにマッチしやすい共同研究開発契約を適用すべき ✓ベンチャー企業に対して期待や幻想を抱き過ぎない
3	ベンチャー企業の特性理解と歩み寄り	✓ベンチャー企業の大きな違いは、経営資源の量（特に資金量）と求められるビジネスの規模感 ✓社内の都合だけでベンチャー企業とのオープンイノベーションを進めると、後々の大きな阻害要因となるリスクがある
4	オープンイノベーションの粘り強い啓発	✓社内の関係者にベンチャー企業活用の意義やメリットなどを説明・訴求することに粘り強く時間をかける ✓「オープンイノベーションは社内の研究開発者を否定するものではない」と関係者、特に現場の研究開発者にしっかり理解させる
5	オープンイノベーションをけん引する人材の選定と育成	✓連携先の探索・評価や、企業間のコーディネート、社内へのオープンイノベーションの啓発など、事務局の役割は多岐にわたり、事務局の立ち居振る舞いがオープンイノベーションの成否を大きく左右する ✓事務局に求められる資質やスキル要件を明確化し、それを基にしてメンバーを選定し不足スキルを実務で中長期的に育成する

（出所：PwCコンサルティング）

立場の違いなどもあり、大企業が中小・ベンチャー企業に対して「製品開発を一緒にやらせてやる」「発注してやる」といったような“上から目線”のスタンスを取ってしまい、良好な関係を維持しにくくなって取引先が頻繁に変わる例もある。昨今、取り組みが活発化しているオープンイノベーションにおいても、残念ながら同様の傾向が見られる（図表9-4-1）。

このような場合、外部企業と取引する背景や目的に立ち返ってみることが必要だ。自社（大企業）よりも取引先である中小・ベンチャー企業の方が高い技術力を保有していたり、製品仕様・構造に詳しかったりするケースがしばしばある。したがって、取引先を失うと商品開発が成り立たなくなる事態を引き起こしかねない。

そうならないようにするために、自社として技術や製品仕様・構造などをしっかりと把握しておくことも重要だが、取引先との関係性は対等であるという意識を常に持つようなスタンスが重要で、定期的にそれを認識させる習慣も必要である。

リスクを高めずに外部から経営資源を獲得する

技術人員の不足を企業間の提携や企業合併で補おうとする場合は、補填したいスキルや人員規模を明確化・具体化した上で、幅広に候補先の企業を探索することが重要だ。候補先の企業規模や資本の状態、他企業との取引状況、組織構造、役員構成などといった、提携・合併の直接的な目的とは異なる部分が障害になることも多々あるため、多角的なデューデリジェンス（リスク予測調査）や候補先とのコミュニケーションが必要だ。

そして、いきなり買収という形を取らず、まずは市場取引から関係性の構築を始め、続いて業務提携、資本提携などへ進み、最終的に買収といった段階を経ていくこともリスク低減に有効だ（図表9-4-2）。

提携先に対しての定期的な評価や見直しも重要だ。以前からなじみの

図表9-4-2　経営資源の獲得手段と手段を考えるポイント

経営資源の獲得手段	手段	経営資源に対する支配度	経営資源の活用開始までのスピード	経営資源を活用する推進力	経営資源を活用する柔軟性
		経営資源をどれだけ自由に扱えるか？	経営資源を利用できるまでにどれだけの時間がかかるか？	経営資源を活用した取り組みをどれだけ推進しやすいか？	経営資源の獲得・利用を柔軟に見直せるか？
自社で獲得	**自社開発・構築** 必要な経営資源を自社で開発・構築	◎	×	○	△
他社から獲得／経営の独立性あり／取引が単発的・短期的関係	**市場取引** 必要な経営資源を市場での取引で獲得	×	◎	×	◎
他社から獲得／経営の独立性あり／取引が継続的・連携関係（アライアンス）／資本関係なし	**業務提携** パートナー企業と資本関係のない提携（契約で一定期間の経営資源の交換が可能）	△	○	△	○
他社から獲得／経営の独立性あり／取引が継続的・連携関係（アライアンス）／資本関係あり	**資本提携** パートナー企業と資本関係はあるが、経営支配権はない提携	△～○	○	○	△
他社から獲得／経営の独立性あり／取引が継続的・連携関係（アライアンス）／資本関係あり	**ジョイントベンチャー** 複数の企業が共同出資し、新たな会社（合弁会社）を立ち上げて事業運営	○	△	○	×
他社から獲得／経営の独立性なし	**M&A** 必要な経営資源を保有する企業の経営・事業の所有権を取得	◎	△	◎	×

（出所：PwCコンサルティング）

図表9-4-3　提携先の評価視点

提携目的の充足性	提携先は、連携目的（自社で不足する資源の補完・補強など）を達成できそうか？
提携先の信頼性	提携先は信頼できる企業か？ 自社と提携先で、企業の「価値観」が合っているか？ 末永く付き合っていけそうな企業か？

（出所：PwCコンサルティング）

図表9-4-4　提携先の信頼性評価視点

大分類	評価視点	内容
企業文化 提携先の倫理観、価値観、スタンスが自社と適合しているか？	**倫理観**	自社の倫理観に適合するか？ 公序良俗に反するような事業運営を行っていないか？
	契約スタンス	厳密・精緻な契約に全て基づいた資源交換を行うスタンスか、ある程度融通を持たせた資源交換を行うスタンスか？
	事業運営スタンス	短期的な利益を最優先に考えるような事業運営スタンスか、中長期を見据えた利益に重点を置くようなスタンスか？
連携姿勢 本件に対する提携先の連携姿勢はどの程度か？	**提携体制**	本件をどのような体制で行おうとしているか？ その体制は自社の要件を満たすものか？
	提案内容	提案内容が分かりやすく、丁寧か？ 本件をどれだけ真剣に考え、取り組もうとしている提案か？
経営・事業リスク 提携先の経営・事業運営状況、競合リスクには問題がないか？	**財務状況**	本件を行う事業部門（または企業全体）における過去～現在までの財務状況に問題はないか？
	事業の継続性	本件を行う事業部門は提携中に事業中断するようなリスクが想定されるか？
	競合性	現在の運営事業において自社と競合する部分はあるか？ 将来、事業が競合するようなリスクが想定されるか？
過去の実績 提携先の自社や他社との取引（提携）実績はどうか？	**自社との取引実績**	過去に自社と提携取引を行ったことがあるか？ ある場合、実績はどのような結果であったか？
	他社との取引実績	過去に他社と本件同様または類似の提携取引を行ったことがあるか？　ある場合、実績はどのような結果であったか？
	最新資源のキャッチアップ力	最新の資源獲得をどの程度積極的に行っているか？

（出所：PwCコンサルティング）

ある提携先や知り合いの企業とばかり付き合ったり、成り行きや惰性で提携を続けたりするのではなく、定期的に「提携目的の充足性」と「提携先の信頼性」の両面について確認・評価が必要だ（図表9-4-3）。信頼性の評価は「企業文化」「連携姿勢」「経営・事業リスク」「過去の実績」といった観点で見ていくとよい（図表9-4-4）。

15のテーマ⑤

技術開発・蓄積

顧客からの過度な品質・納期・価格要求や開発工数不足などから、目先の開発案件に忙殺され、中長期的な技術開発への投資が年々難しくなる傾向が見られる。そのような状況下では「テーマ1 未来の洞察・創造」や「テーマ2 戦略の明確化・具体化」といったテーマの高度化を起点にして、効果的・効率的な技術開発投資を心掛け、これまでの開発案件で培った技術資産の有効活用をさらに進めていく必要がある。

社外からの獲得か自社育成かの切り分け

効果的・効率的な技術開発投資を行う上では、技術開発テーマを以下

図表9-5-1　技術開発・獲得テーマの抽出視点

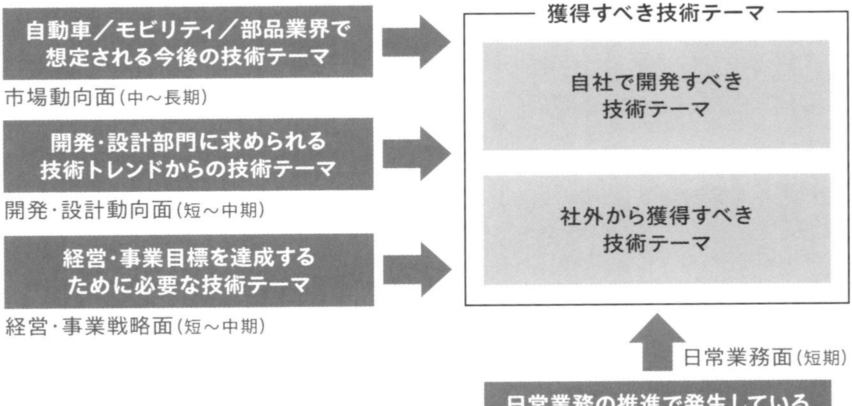

※ 短期：～1年｜中期：1～3年｜長期：3年～

（出所：PwCコンサルティング）

のような観点から多角的に抽出し、優先度を設定していく（図表9-5-1）。

- 市場動向面：自動車・モビリティ・当該部品業界で想定される今後の市場トレンドを見据えた上で、必要となる技術開発テーマ
- 開発・設計動向面：今後、開発・設計部門に求められるあらゆる分野の技術トレンドを見据えた上で、必要となる技術開発テーマ
- 経営・事業戦略面：企業全体および事業部門の戦略や売り上げ・利益目標を達成していく上で、必要となる技術開発テーマ
- 日常業務面：日常業務を推進する中で発生している懸念・問題を解決する上で、必要となる技術開発テーマ

図表9-5-2　技術価値評価法の基本的な考え方

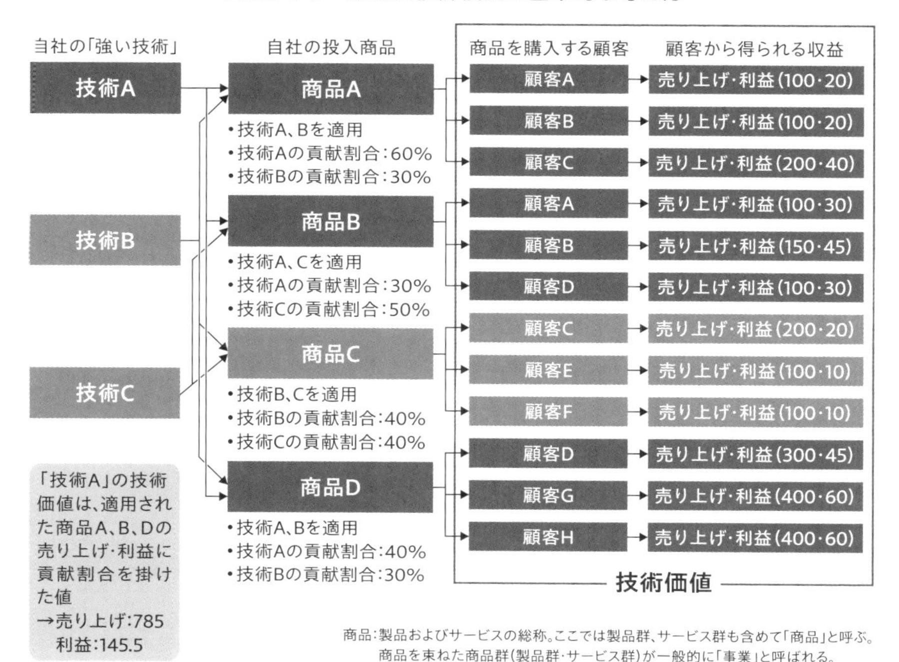

（出所：PwCコンサルティング）

技術開発テーマの抽出が完了した後は、各テーマの技術価値(どの程度の利益貢献につながっているのか)をモニタリングする。技術価値は、商品が生み出す売り上げや利益のうち、その技術の貢献割合(関連する複数技術の中での貢献分)を掛け合わせて算出する(図表9-5-2)。成果に対する部門や要素技術の貢献度合いを簡便に評価する方法として、ダブルコーディング法が存在する(図表9-5-3)。この方法では、関連する部門や要素技術それぞれの貢献分を細かく計算するのは大変であるため、受注額や施工利益額を分割せずに全額を重複して関連する部門や要素技術に計上する。その上で、部門や要素技術ごとの合計をもって貢献を評価する。数値は実際の金額より大きいものの、相対的な評価を使うには問題がなく、正確な序列を付けられる。どの部門や技術要素にリソースを割くべきかも明確にできる。技術開発効率(例:「過去5年〜1年の営業利益の

図表9-5-3　ダブルコーディング法による事業貢献評価事例

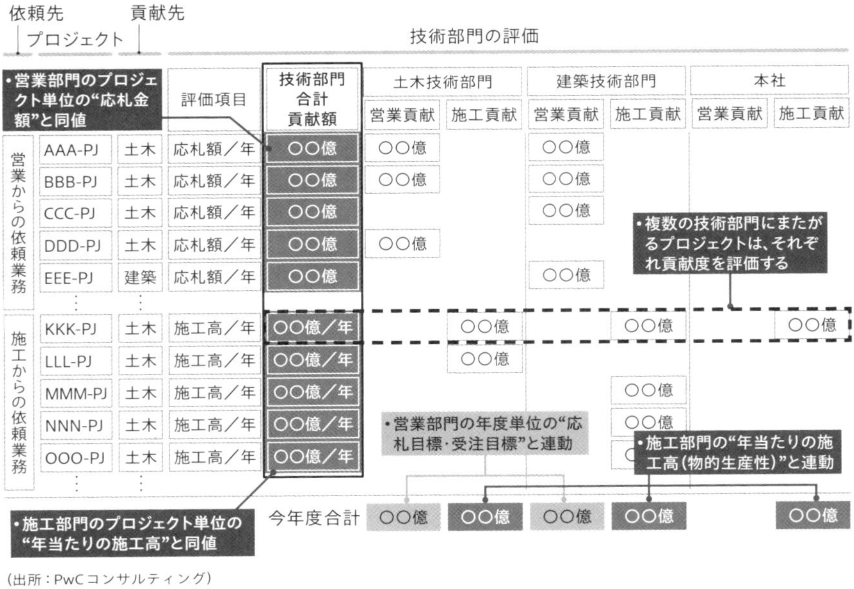

依頼先　プロジェクト　貢献先　／　技術部門の評価

依頼先	プロジェクト	貢献先	評価項目	技術部門合計貢献額	土木技術部門		建築技術部門		本社	
					営業貢献	施工貢献	営業貢献	施工貢献	営業貢献	施工貢献
営業からの依頼業務	AAA-PJ	土木	応札額／年	○○億	○○億		○○億			
	BBB-PJ	土木	応札額／年	○○億	○○億		○○億			
	CCC-PJ	土木	応札額／年	○○億			○○億			
	DDD-PJ	土木	応札額／年	○○億	○○億					
	EEE-PJ	建築	応札額／年	○○億			○○億			
	⋮	⋮								
施工からの依頼業務	KKK-PJ	土木	施工高／年	○○億／年		○○億		○○億		○○億
	LLL-PJ	土木	施工高／年	○○億／年		○○億				
	MMM-PJ	土木	施工高／年	○○億／年				○○億		
	NNN-PJ	土木	施工高／年	○○億／年				○○億		
	OOO-PJ	土木	施工高／年	○○億／年				[illegible]		
	⋮	⋮								
			今年度合計		○○億	○○億	○○億	○○億		○○億

・営業部門のプロジェクト単位の"応札金額"と同値

・複数の技術部門にまたがるプロジェクトは、それぞれ貢献度を評価する

・営業部門の年度単位の"応札目標・受注目標"と連動

・施工部門の"年当たりの施工高(物的生産性)"と連動

・施工部門のプロジェクト単位の"年当たりの施工高"と同値

(出所:PwCコンサルティング)

総額÷過去10年～6年の開発費の総額」といった計算ロジックなど）を算出した上で、継続的改善を図っていくことも重要だ。

技術資産の活用を図る

現実には技術資産の活用がなかなか進まない企業を多く目にするが、主に以下のような理由が挙げられる（図表9-5-4）。

- 技術情報管理システムの検索性が悪く、必要な情報になかなかたどり着かず、面倒になって途中で検索を断念する
- 必要な情報にたどり着いても検索結果だけでは情報の細部が不明確、情報が陳腐化しているなどの理由から、情報登録者から詳細を聞き

図表9-5-4　技術資産の活用が進まない主な理由

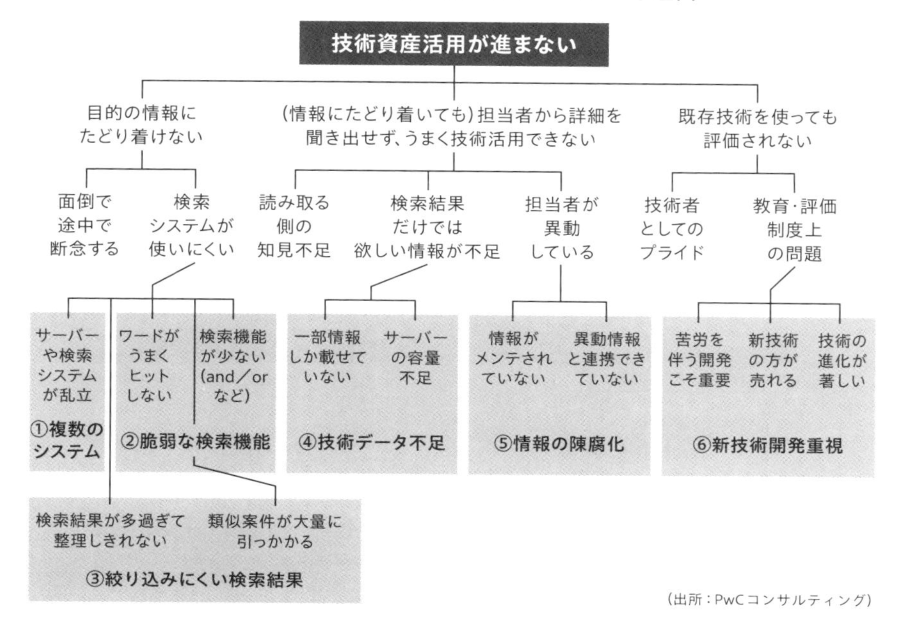

（出所：PwCコンサルティング）

出さなければならない
- 「苦労を伴う開発こそ重要」「人に頼らず自分の頭で考えろ」といった風土や技術者としてのプライドなどが先行し、技術資産を活用して効率的に業務を進めても評価されない
- 技術資産を登録しても実利的な評価に結び付かない

このような問題を解決すべく、以下のようなことに取り組んでいくことが必要だ（図表9-5-5）。

I. 検索システムの一元化：複数のサーバーが保有する多岐にわたる

図表9-5-5　技術資産活用を促進させるために取り組むべきテーマ

		問題	取り組むべき改革テーマ
検索機能	①	技術資産が複数のシステムにばらばらに存在しており、個別に検索しなければならない	I
検索機能	②	検索機能が脆弱で、検索条件が指定できない	I、II
検索機能	③	検索結果がばらばらに表示されており、1つひとつ読み込むのに膨大な時間を要する	II、III
資産蓄積	④	技術情報を裏付けるデータが少なく、担当者への確認や追加データ収集が必要	II、III、IV
資産蓄積	⑤	部署名や担当者が存在せず、問い合わせ先が分からない	II、III
職場風土	⑥	新技術採用を重視し、既存技術を活用しても評価につながらない	V

取り組むべき改革テーマ	
I. 検索システムの一元化	複数サーバーが保有する技術資産を横断的に検索する
II. 検索・結果表示機能の充実	AIなどのテクノロジーを駆使し、使いやすい検索と分かりやすい結果表示に変えていく
III. 技術資産の質／量の向上	利用者が理解できる技術情報の質／量（技術各論だけでなく、獲得に至る経緯や実験データなど）を定義、収集する
IV. 情報のメンテナンス	情報の陳腐化を防ぐため、定期的に情報更新、異動情報との連携などを行い、問い合わせ窓口を確保する
V. 効率重視型マネジメントへの転換	技術者にありがちな、苦労を伴う新技術獲得を奨励するマインドを見直し、効率重視型マネジメントへ変えていく

（出所：PwCコンサルティング）

技術資産を横断的に検索できる仕組みを構築

II. 検索・結果表示機能の充実：人工知能（AI）などのテクノロジーを駆使して、使いやすい検索機能と分かりやすい結果表示が得られるよう変革

III. 技術資産の質／量の向上：利用者が理解できる技術情報の質／量（技術の結論だけでなく、その背景にあるデータや結論に至る経緯など）のレベル定義と運用

IV. 情報のメンテナンス：情報の陳腐化を防ぐため、定期的な情報更新、人材の異動情報との連携などを行い、管理・問い合わせ窓口を設置

V. 効率重視型マネジメントへの転換：技術者にありがちな、苦労を伴う新技術獲得を過度に重視するマインドを見直す教育や、技術資産を登録・活用することによるインセンティブを設計し、効率重視型のマネジメントへ切り替え

15のテーマ⑥

製品モジュール整備

改革テーマは理想を実現するまでのハードルの高い場合が少なくない。しかし「こうあるべきだ」「他に方法がない」といった思い込みがないか見直してみると、しばしば現実的な方法が見つかる。そのようなポイントを含めて解説する。

多くの部品メーカーが「顧客ニーズを満足させるための仕様・機能の多様化」と、「部品の少数化」という、相反する課題解決に向けて製品モジュール化や仕様・機能の標準モデル整備（以下、これらをまとめてモジュール化と呼ぶ）に取り組んでいる。しかし残念ながら、なかなかうまく進められていないケースが散見される。

「演繹的アプローチ」という正論にこだわらない

よくある失敗として、「将来を見据えた演繹（えんえき）的で大がかりなモジュール化のアプローチで進めた」という例が挙げられる。モジュール化の理想は、将来の市場・顧客の明確化→顧客ニーズ抽出→ニーズに合わせた製品展開計画の立案→標準モデル（モジュール部分）の開発、といった演繹的な進め方だ。しかしこれでは、実際の標準モデル開発に至るまでの道のりが長く、多くの関係部門（以下、「部門」には「部署」や「グループ」などの組織の概念も含む）と時間をかけて調整していかなければ実現が難しいため、途中で活動が頓挫する可能性が高くなる懸念がある。

演繹的アプローチが実現可能な場合はその手順で進めればよいが、それが難しい場合、取り組みやすい進め方として帰納的なアプローチが考えられる。部分最適でも構わないからまずは個別の製品開発プロジェク

図表9-6-1　モジュール化の2つのアプローチ

演繹的アプローチ（トップダウン型）	帰納的アプローチ（スパイラルアップ型）
将来の市場・顧客、製品展開計画を踏まえて全体最適な標準モデルを検討する一大プロジェクト的アプローチ	個別の製品開発PJでモジュール化を検討し、続いて類似の製品シリーズに広げて検討し、さらに次はより広い製品シリーズまで広げて検討していく段階的アプローチ
将来の市場や顧客の明確化→顧客ニーズ抽出→ニーズに合わせた自社の製品展開計画の立案→標準モデルの開発といった進め方	個別の製品開発PJで標準モデル開発→類似製品シリーズで標準モデル開発→さらに広げた範囲で標準モデル開発といった進め方
•論理的で手戻りがなく理想的 •多くの企業がこのアプローチを採用しており、事例が豊富	•実践が手軽で失敗しにくい •開発現場レベルで個別にこのアプローチを取っており、活動が組織的でないため、事例化されていないケースが多い
•実際の標準モデル開発に至るまでの道のりが長い •多くの関係部門と時間をかけてすり合わせなければ実現が難しく、途中で活動が頓挫する可能性が高い	•部分最適化を繰り返していくため、標準化を進める上で手戻りやメンテナンスが発生する •組織的な推進の標準化を整備しないと各開発現場がバラバラに取り組み、収集がつかなくなる

（出所：PwCコンサルティング）

ト（PJ）でモジュール化を検討し、続いて類似する製品シリーズに範囲を拡大して検討を重ね、さらにその次はより広い製品シリーズまで拡大して検討するというアプローチだ（図表9-6-1）。

この方法では部分最適化を繰り返していくため、モジュール化を進める上で手戻りが発生することは否めない。しかし、比較的簡単に取り組むことができ、顧客の要望に都度対応するなどの目先の課題にも即座に対応可能なため、短期的な成果も期待できる。下記では、帰納的アプローチの具体的な検討手法を4つ紹介する。

図表9-6-2にマトリックスで仕様・機能と部品構成の関係を整理し、改善を検討している例を挙げる。縦軸に製品構成および各部品の新規度を記載し、横軸に製品の仕様・機能を記載するとともに、各機能の優先度の高さを記載する。優先度は、問題発生時の対応コストや問題の発生頻度

図表9-6-2　部品構成のシンプル化検討イメージ

（出所：PwCコンサルティング）

・仕様・機能の優先度付け（重要な仕様・機能の明確化）

・仕様・機能の優先度を抽出

・製品構造を詳細化することで仕様・機能も詳細化

標準機能										オプション機能			
位置検出機能								・・		・・			
発信機能		受信機能		直線機能		回転機能		・・		・・			
								・・		・・			
0		0		0		0		・・		・・			
4		4		3		3		・・		・・			
4		4		1		2		・・		・・			
4		4		2		2		・・		・・			
4		4		3		3		・・		・・			
											重要度（合計）	個数（影響度）	重要度（平均）
…	…	…	…	…	…	…	…	・・		・・	…	…	…
○	4	○	4	○	3	○	3	・・		・・	32	12	2.67
						○	3	・・		・・	10	4	2.50
○	4	○	4					・・		・・	18	7	2.57
○	4	○	4					・・		・・	15	6	2.50
						○	3	・・		・・	42	14	3.00
				○	3	○	3	・・		・・	81	24	3.38
				○	3			・・		・・	60	15	4.00
						○	3	・・		・・	42	14	3.00
…	…	…	…	…	…	…	…	・・		・・	…	…	…
5		4		11		16		・・		・・			

などを基準に数値を設定する。各仕様・機能と関連する部品には、○を付けるとともに新規度もしくは優先度の数値が高い方を記載する。このようなマトリックスを用い、部品構成と仕様・機能の関係性を、各部品が関係している仕様・機能の数で表される影響度や、各仕様・機能に関係している部品の数で表される複雑度などの指標により可視化しながら部品構成のシンプル化を検討する。

図表9-6-3は、既存製品のバリエーションを表形式で記載し、各仕様・機能についてバリエーションが発生している要因を分析している例だ。抽出した各要因について、標準化の可否を検討する。

図表9-6-4、図表9-6-5は、バリエーションの削減にあたり、標準値を検討している例だ。図表9-6-4は、レバーの長さのバリエーションを縦軸、その発生要因である使用者の操作位置を横軸に取り散布図を作成している。レバーの長さと使用者の操作位置の関係性に近似線を引き、標準

図表9-6-3　製品の仕様・機能バリエーション発生要因分析イメージ

仕様・機能	顧客				バリエーションの発生要因
	A社	B社	C社	D社	
レバー長さ	150mm	170mm	190mm	190mm	•使用者の操作位置 •台座の高さ の要求が顧客によって異なるため
レバー移動距離	250mm	230mm	215mm	230mm	•操作精度 •操作時間 の要求が顧客によって異なるため
穴径	M3	M4	M3	M3	レバーを取り付ける台座の構造が顧客によって異なるため
穴数	4	6	4	4	
レバー取り付け穴位置					
…	…	…			

レバー長さのバリエーションは、使用者の操作位置を多少変えてもらう承諾を顧客にもらえれば削減できるので、標準化対象として設定

（出所：PwCコンサルティング）

図表9-6-4 仕様・性能値の標準値設定イメージ

<レバー長さのバリエーションとその発生要因>

区分	仕様・機能	仕向け先									
		A社	B社	C社	D社	E社	F社	G社	H社	I社	J社
バラエティー発生要因	使用者操作位置	1280	1300	1330	1320	1300	1320	1310	1310	1320	1300
	台座の高さ	1130	1120	1140	1130	1140	1130	1140	1120	1120	1140
標準化対象	レバー長さ	150	180	190	190	160	200	170	190	200	160

(mm)

■顧客別のレバー長さと使用者の操作位置の関係

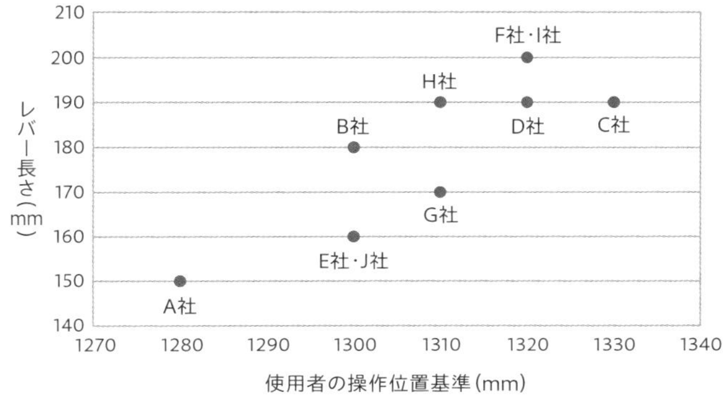

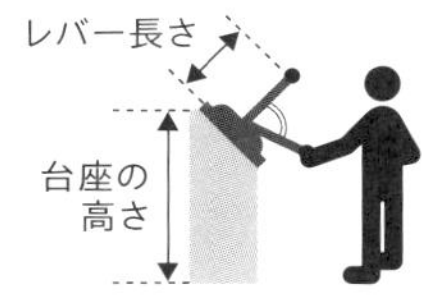

標準化を検討している仕様・性能値(レバー長さ)と、バリエーション発生要因となっている仕様・性能値(使用者の操作位置)との関係性を明確化

■各顧客のレバー長さの正規化

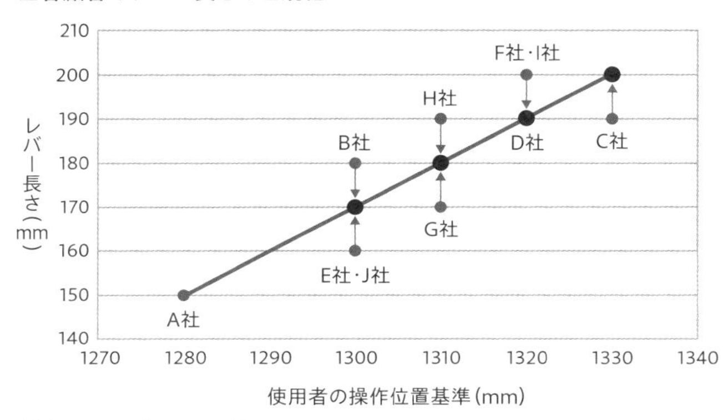

- 各顧客のレバー長さの標準値(近似線)を明確化
- 各顧客と標準のレバー長さのギャップを確認

(出所:PwCコンサルティング)

値を明確化している。一方、図表9-6-5ではレバーの長さごとに顧客をグルーピングし、標準値を設定している。

演繹的アプローチが進んでいないことで発生している直近の問題を、まずは帰納的アプローチで早期解決し、並行して将来のターゲット市場・顧客の検討と、それを踏まえた製品展開計画立案などを行うとよいのではないだろうか。そうすることで、モジュール化は今までよりもスムーズに進んでいく可能性がある。

帰納的アプローチは、設計者やレビューワーの教育にも有効だ。モジュール化を進めるには図面と部品構成を併せて検討する必要があるが、設計者にしてもデザインレビュー（DR）に参加するレビューワーにしても、意外と慣れていない場合がある。モジュール化での帰納的アプローチは、都度の製品開発の中で部品構成のシンプル化や仕様・機能のバリエーション削減を図る行為となるので、良い習慣付けにつながる。

図表9-6-5　仕様・性能値の標準値設定イメージ

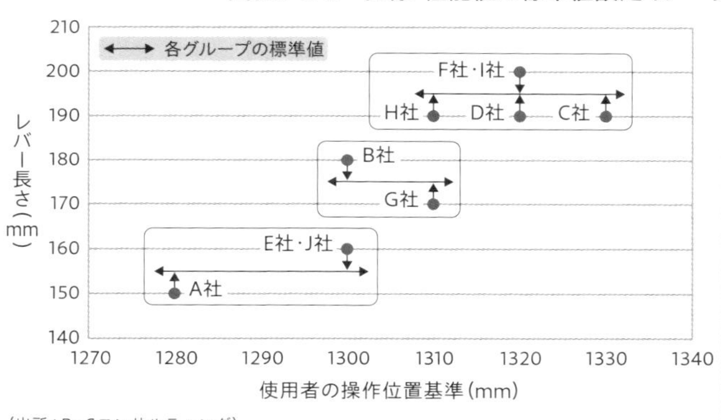

・各顧客のレバー長さをグルーピングし、各グループの標準値を設定
・各顧客とグループに設定したレバー長さの標準値のギャップを確認
・グループ数は、正規化して設定されたレバー長さの標準バリエーション数以下で検討

（出所：PwCコンサルティング）

15のテーマ ⑦

原価企画→利益企画

部品メーカー各社の利益改善に向けて開発段階で検討するアプローチとしては、これまで血のにじむような努力を続けてきた業務効率化や製品コストダウンといった「コスト削減アプローチ」とは別に、「製品の売価設定・改善アプローチ」という選択肢がある。部品メーカーの場合、顧客である完成車メーカーに対しては価格設定のイニシアチブを取ること

図表9-7-1 部品メーカーに見られる売価対応の問題点

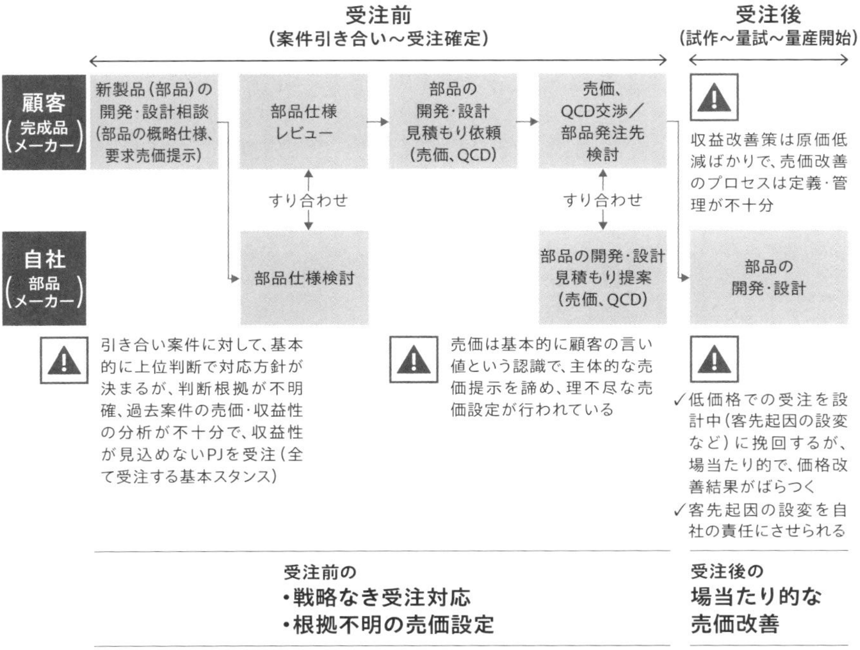

(出所:PwCコンサルティング)　設変:設計変更

ができない、と諦めてしまっているケースをしばしば目にする。しかし、工夫の仕方次第では改善の余地が残されている可能性が少なくない。具体的には、引き合い案件に対する受注前の「戦略なき受注対応」「根拠不明の売価設定」、受注後の「場当たり的な売価改善」などが改善すべきポイントになる（図表9-7-1）。

これらの改善に向けて取り組むべき重点施策には、以下の5つが挙げられる。

図表9-7-2　顧客との価格・仕様交渉に向けた受注前プロセスの整備

（出所：PwCコンサルティング）

(1) 受注前のプロセス定義と継続的改善

受注前の顧客との交渉プロセスを可視化し、自社として収益を確保できるプロセスへの改善に継続して取り組むのが基本だ（図表9-7-2）。

(2) 開発テーマの入り口管理（受注選別）

案件引き合い時に、今回期待できる収益性を予測し、対応有無の方針

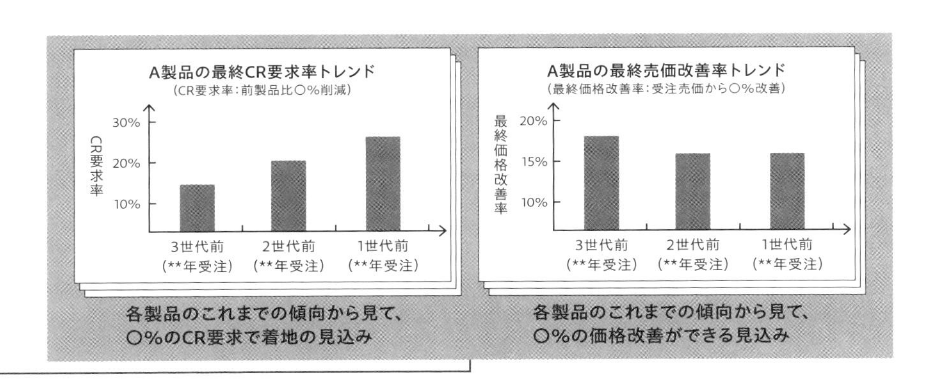

<CRを検討する視点（一例）>

- 技術を変える
  - ✓技術方式を見直す
  - ✓技術ロジックを見直す
- 構造を変える
  - ✓モジュール化（固定／変動化）を検討する
  - ✓内外作区分・場所を見直す
- 設計を変える
  - ✓限界設計を進める
  - ✓簡素化設計を進める
- 規約・基準を変える
  - ✓設計基準を見直す
  - ✓品質基準を見直す

<調達部門での日常的な取り組み>

- 調達実績の把握（調達情報DBの整理）
  - ✓部材の分類・属性
  - ✓単価履歴
  - ✓調達物量
  - ✓リードタイム
  - ✓不良率
  - ✓事故件数　などを把握
- 取引サプライヤーの定期評価・付き合い見直し・新規開拓
  - ✓調達する部品業界の動向
  - ✓業界の主要企業および潜在的な取引可能性の高い企業
  - ✓経営者の姿勢・態度、経営管理力、財務力
  - ✓部品の販売形態、販売ルート
  - ✓サプライヤーの技術力、QCD水準、生産力などを評価

CR：Cost Reduction（コスト低減）

や優先度を検討する。営業部門や顧客からの提供情報に加えて、過去の類似製品の価格・収益実績なども参考にする。優先度の低い案件に対して、どのように対応するかのプロセスを定めておくことも重要だ（図表9-7-3、図表9-7-4）。

●（3）売価アップアイテムのナレッジ化

過去の製品開発プロジェクトで売価アップの原因や理由付けにできたアイテムを抽出・整理しておき、新規プロジェクトにそれらのアイテムが十分盛り込まれているかチェックし、抜け漏れを防止する（図表9-7-5）。顧客から設計変更依頼が来るタイミングは特に売価改善のチャンスになるので、その際に最大限の改善を実現できるようプロセスを整備する。

●（4）“自責設変”の他責化

本来は顧客起因で発生した設計変更（設変）を、サプライヤー起因の

図表9-7-4　開発テーマの入り口管理プロセスの例

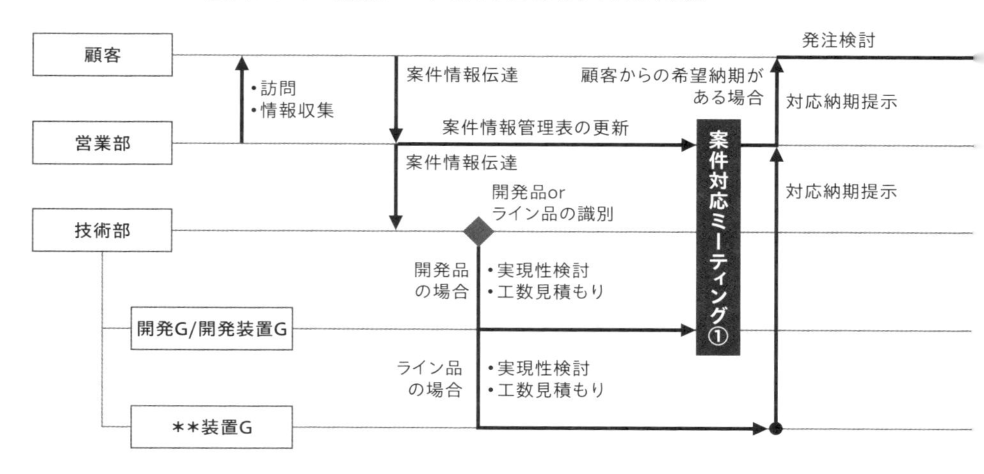

（出所：PwCコンサルティング）

図表9-7-3　開発テーマの入り口管理（受注選別）

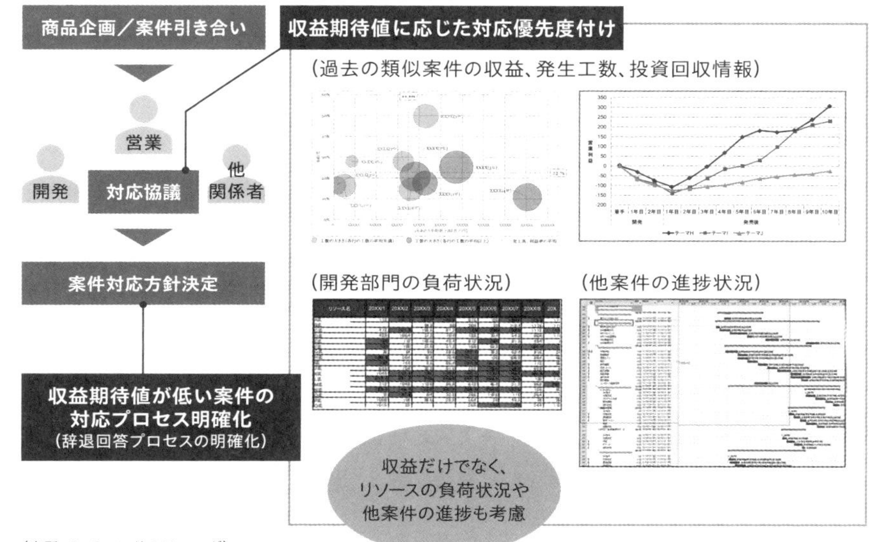

（出所：PwCコンサルティング）

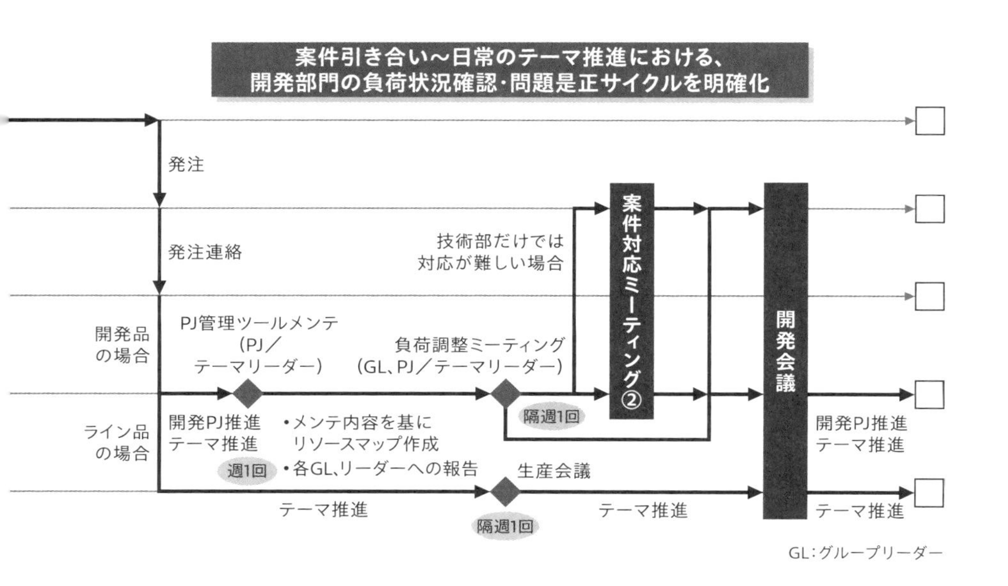

図表9-7-5　製品開発段階における売価アップ検討プロセスの例

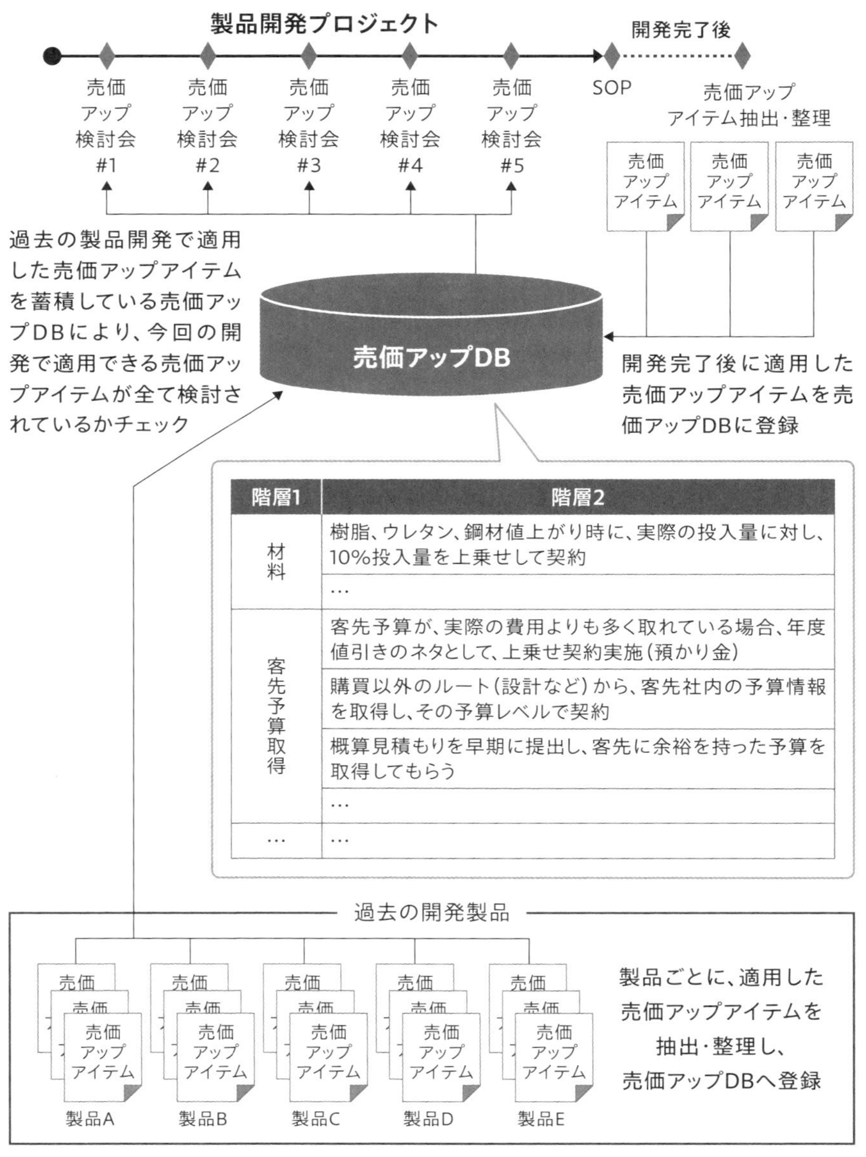

階層1	階層2
材料	樹脂、ウレタン、鋼材値上がり時に、実際の投入量に対し、10%投入量を上乗せして契約
	…
客先予算取得	客先予算が、実際の費用よりも多く取れている場合、年度値引きのネタとして、上乗せ契約実施（預かり金）
	購買以外のルート（設計など）から、客先社内の予算情報を取得し、その予算レベルで契約
	概算見積もりを早期に提出し、客先に余裕を持った予算を取得してもらう
	…
…	…

（出所：PwCコンサルティング）

「自責設変」の扱いにされるケースは現実には数多くある。これを押し返して防止する仕組みを整備し、顧客起因で発生した設計変更がサプライヤー起因とされることのないようにする（図表9-7-6、図表9-7-7）。

●（5）過去プロジェクトの価格・収益データの蓄積・活用

（1）～（4）に取り組む上で、過去の製品開発プロジェクトにおける、フェーズ別の価格・収益の推移実績を収集・蓄積しておくことが重要だ（図表9-7-8）。また、実績データに加えて、推移の原因も分析する。

図表9-7-6　“自責設変”の他責化（是正）に向けた仕組みの全体像

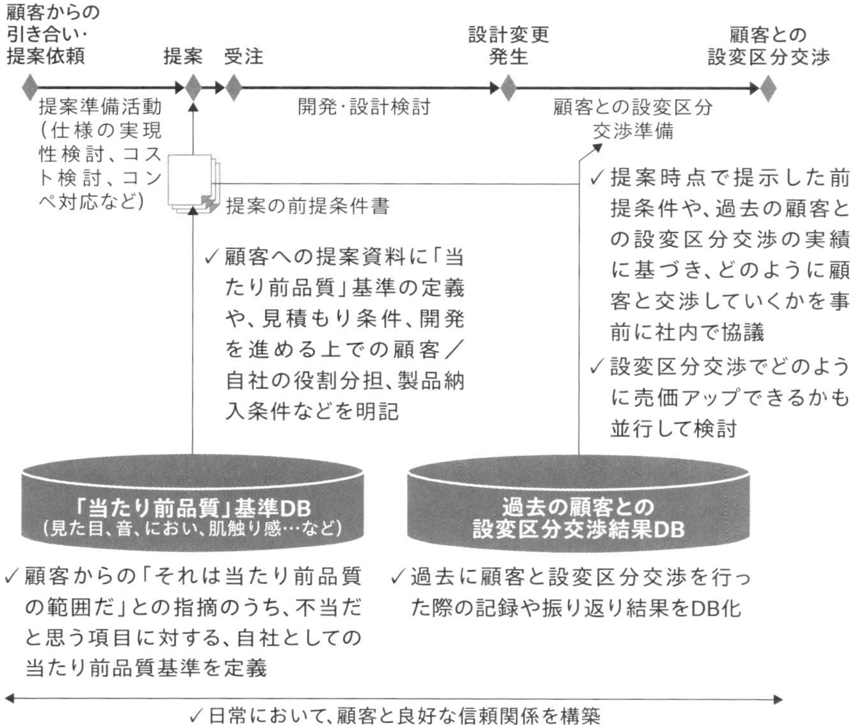

（出所：PwCコンサルティング）

図表9-7-7　設計変更の責任区分を交渉するプロセスの例

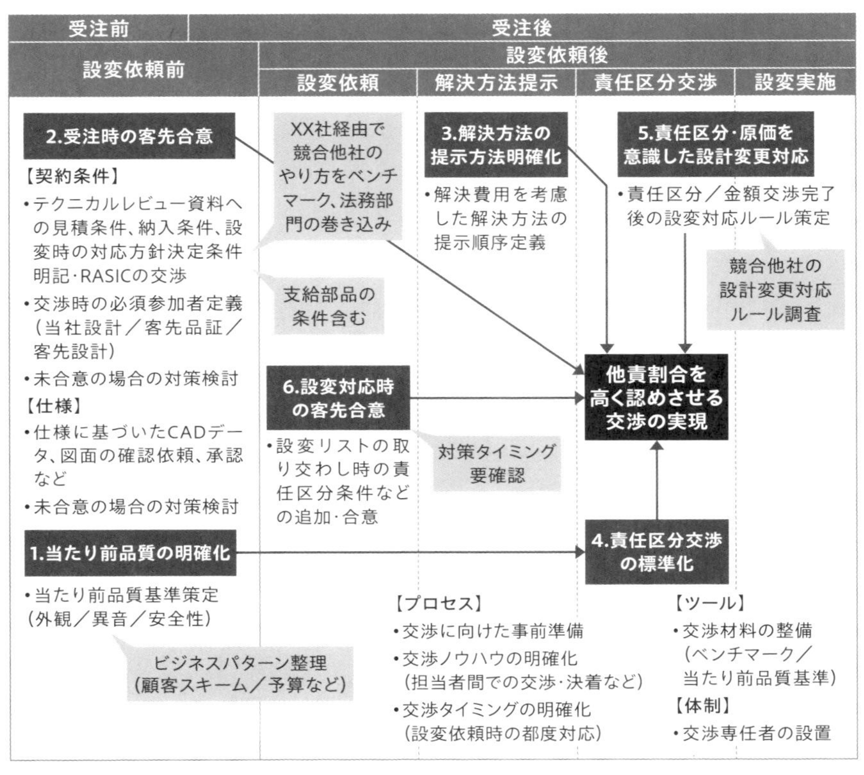

（出所：PwCコンサルティング）　RASIC：Responsible、Accountable、Support、Informed、Consulted

図表9-7-8　過去プロジェクトの価格・収益データ管理システム

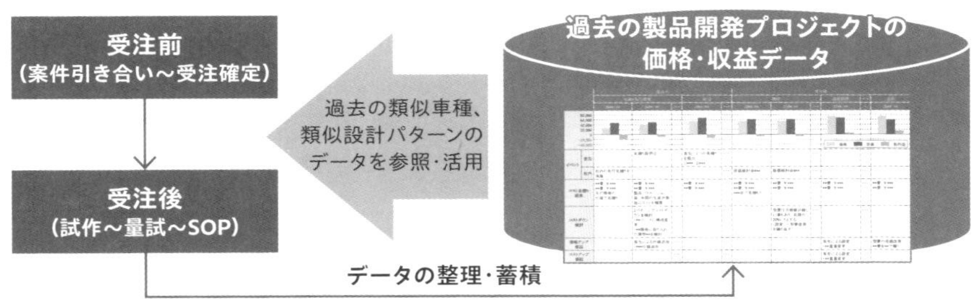

（出所：PwCコンサルティング）

15のテーマ ⑧

事前型プロセス構築

製造業でフロントローディング型（事前型プロセス）開発が提唱されて既に30年以上が経過し、リスク抽出やDR、評価・実験などの業務の高度化や、CAD／CAEやIDE（統合開発環境）といったツールの高度化が進展した。しかしながら、特にファームウエア／ソフトウエアを含む製品においては、変更が容易というメリットが逆に災いして、フロントローディングの阻害要因になるケースも散見される。

フロントローディングの強化は今日でも有効

「フロントローディング≒ウォーターフォール型開発であり、アジャイル型開発が主流の現代では時代遅れ」という捉え方は誤りだ。フロントローディングにはまだ進化の余地がある。

フロントローディングの進化の余地を見いだす上で有効な手法に「T型マトリックス分析」がある。T型マトリックスとは、「新QC7つ道具」の1つである「マトリックス図」の一形態だ（図表9-8-1）。

図表9-8-1のようにT字の縦線、横線の交点を原点として、3方向に同じ開発設計の工程を並べる。T字の交点から下に向かっている工程は「品質問題を発見した工程」、右に向かっている工程は「品質問題をつくらないようにすべきだった工程」、左に向かっている工程は「品質問題を発見すべきだった工程」を表す。この3方向の工程で囲まれている右側のエリアと左側のエリアそれぞれに、該当する品質問題の件数を記入していく。

例えば図表9-8-1で、品質問題を発見した工程（T字の縦線）の「単体評価」と、品質問題を発見すべきだった工程（T字の左肩）の交差した左側エ

図表9-8-1　T型マトリックス分析の例

件数・評点	フィールド	出荷検査	システム評価	結合評価	単体評価	試作	詳細設計レビュー	詳細設計	構想設計レビュー	構想設計	仕様レビュー	仕様検討	品質問題を発見すべき工程		品質問題の発見工程
													件数	1	仕様検討
													評点		
													件数	1	仕様レビュー
													評点		
													件数	5	構想設計
													評点		
3											3		件数	5	構想設計レビュー
15											15		評点		
													件数	10	詳細設計
													評点		
													件数	10	詳細設計レビュー
													評点		
													件数	50	試作
													評点		
3							1		2				件数	50	単体評価
150							50		100				評点		
2							1		1				件数	100	結合評価
100							100		100				評点		
3				3									件数	200	システム評価
600				600									評点		
8					5		3						件数	300	出荷検査
2400					1500		900						評点		
12		4	1		2				5				件数	500	フィールド
6000		2000	500		1000				2500				評点		
		4	1	3	7		5		8		3		件数	評点	
		2000	500	600	2500		1050		**2700**		15		評点		

このエリアでは、
品質チェックに関する
弱点工程を特定
（流出防止弱点工程の特定）

流出防止の弱点工程

（出所：PwCコンサルティング）

品質をつくり込むべき工程 品質問題の発見工程			仕様検討	仕様レビュー	構想設計	構想設計レビュー	詳細設計	詳細設計レビュー	試作	単体評価	結合評価	システム評価	出荷検査	フィールド	件数・評点
仕様検討	1	件数													
		評点													
仕様レビュー	1	件数													
		評点													
構想設計	5	件数													
		評点													
構想設計レビュー	5	件数	3												3
		評点	15												15
詳細設計	10	件数													
		評点													
詳細設計レビュー	10	件数													
		評点													
試作	50	件数													
		評点													
単体評価	50	件数			2		1								3
		評点			100		50								150
結合評価	100	件数			1		1								2
		評点			100		100								200
システム評価	200	件数					3								3
		評点					600								600
出荷検査	300	件数					3		5						8
		評点					900		1500						2400
フィールド	500	件数	4		6				2						12
		評点	2000		3000				1000						6000
	評点	件数	7		9		8		7						
		評点	2015		**3200**		1650		2500						

このエリアでは、
品質つくり込みに関する
弱点工程を特定
（未然防止弱点工程の特定）

未然防止の弱点工程

リアを見てみる。単体評価工程で発見された品質問題3件のうち、「構想設計レビュー」工程で発見すべきだった問題が2件、「詳細設計レビュー」工程で発見すべきだった問題が1件あったと記入されている。このように、T字の左側のエリアでは品質問題の検出（品質問題の流出防止）が弱い工程を、同様に右側のエリアでは品質のつくり込み（品質問題の未然防止）が弱い工程を特定できる。

T型マトリックス分析は「品質問題を発見した工程」と「発見すべきだった工程」および「未然防止すべきだった工程」のギャップを分析する手法であり、このギャップがまさにフロントローディングの進化の余地になる。分析に利用できるデジタルツールもある（図表9-8-2）。

この手法はファームウエア／ソフトウエア開発において、発生したバグは本来どの工程で対策すべきだったかの分析にも利用できる。すなわちファームウエア／ソフトウエア開発におけるフロントローディングの促進につなげていくことができる。

図表9-8-2　デジタルツールを活用したフロントローディング余地分析のイメージ

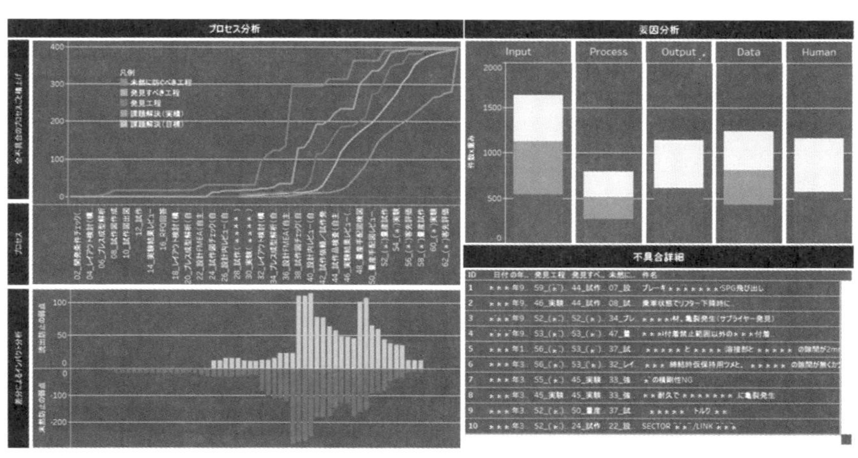

（出所：PwCコンサルティング）

15のテーマ ⑨

組織構造の最適化

このテーマは、前節の「テーマ8 事前型プロセス構築」と併せて考えることが鍵になる。部品メーカーでは事前型プロセスの定義・見直しが進んだものの、実際にはそのプロセスが絵に描いた餅になっている企業が散見される。

要因の1つは、組織構造や役割分担の見直しが不十分なことだ。

役割・人員配置を定期的に見直す

例えば、開発初期段階から製造性を考慮するプロセスを描いたものの、生産技術部門が初期段階に参画する工数を取れなければ、プロセスは機能しない。過去の製品で発生した不具合を未然防止するために品質保証部門が初期段階に参画するプロセスを描いたものの、品質保証部門内の業務分掌が未整備で、忙しい担当者が対応しないといったケースもある。開発部門ばかり人員が多く、その他部門の人員数とのバランスが悪いため、本来は開発部門にふさわしくない業務まで担っているケースも多く見られる。

状況を改善するには「開発設計部門だけで対応せず、関係部門全体で対応する」というスタンスを徹底し、併せて組織構造・役割・人員配置を定期的に見直すことが重要だ(図表9-9-1)。これを行う上では各部門の業績評価指標の見直しなども必要となり、全社で大規模な変革を余儀なくされるケースも多いものの、改革に挑戦しなければ真のフロントローディングの進化につなげることはできない。

組織構造・役割・人員配置を見直す際には、フロントローディングの視

図表9-9-1　組織構造・役割・人員配置の見直しイメージ

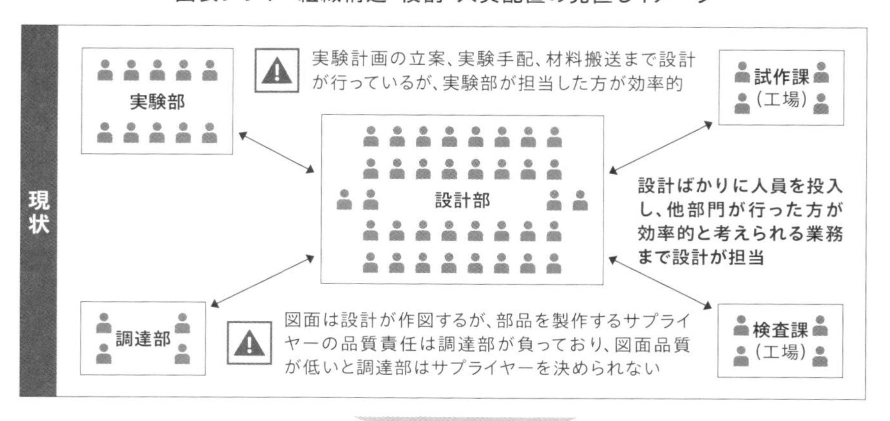

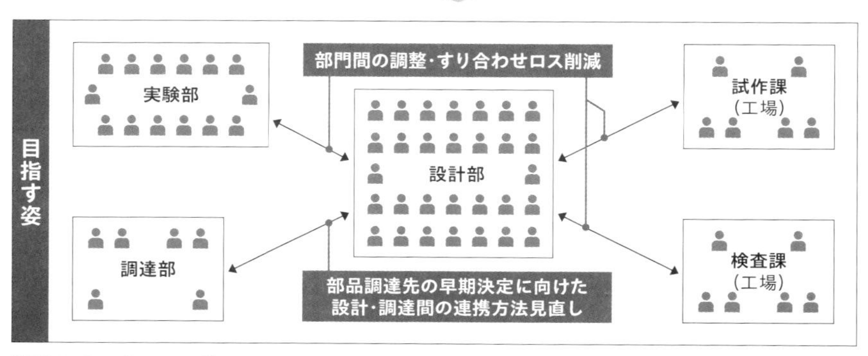

（出所：PwCコンサルティング）

点だけでなく、「各部門で発生している付帯業務を最も効率的に削減するにはどのような役割分担が理想か」といった視点も重要である（図表9-9-2、図表9-9-3）。付帯業務は、実際の工数よりも多く工数が発生しているように感じてしまいがちだ。「なぜ私がやらなければならないのだ」といった、ネガティブな感情で業務に取り組むために生じる心理的錯覚だ。ネガティブな感情を伴う業務遂行はメンバーのモチベーションやパフォーマンスを著しく低下させてしまい、実際の工数発生によるマイナスにと

目指す姿実現に向けた施策

施策1 部門間の調整・すり合わせロス削減

✓ 実験部、試作課、検査課などと業務分担で発生している各種調整やすり合わせロスに対して、**業務運用・分担を見直す**

業務	現在の担当部門	本来担当すべき部門	業務移管で効率化が期待できる主な内容	期待効果

✓ 業務運用・分担の見直しを行うまでの間、暫定的な応急対策として、設計部で発生している各種の**付帯業務に従事する専任メンバーをアサイン**し、設計検討など設計の主体業務に投入できる工数を増加させる

施策2 部品調達先の早期決定に向けた設計・調達間の連携方法見直し

部品調達先の早期決定に向けた業務プロセス、決定基準、設計部・調達部の役割などを見直し

- 設計変更のたびに生じる相見積もりの効率化方法の検討（役割の見直しなどを含めて）
- 図面確定度が100%でない場合の部品調達先の選定ルールの検討　など

どまらない大きな組織的害悪となりかねない。

図表9-9-2　役割の見直しによる付帯業務削減イメージ

◆現状の試作プロセス◆

設計から各部門に依頼が出て、モノの流れも設計経由

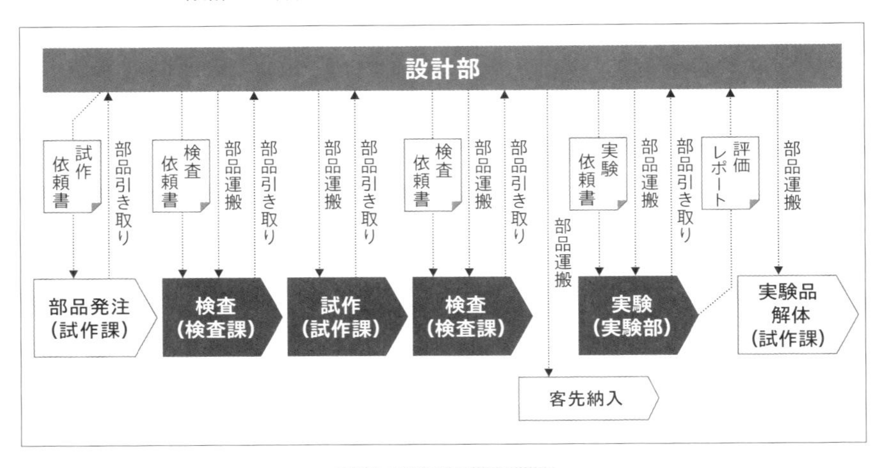

◆改革後の試作プロセス◆

設計が一度依頼すれば、モノと情報が最後まで一気通貫で流れる

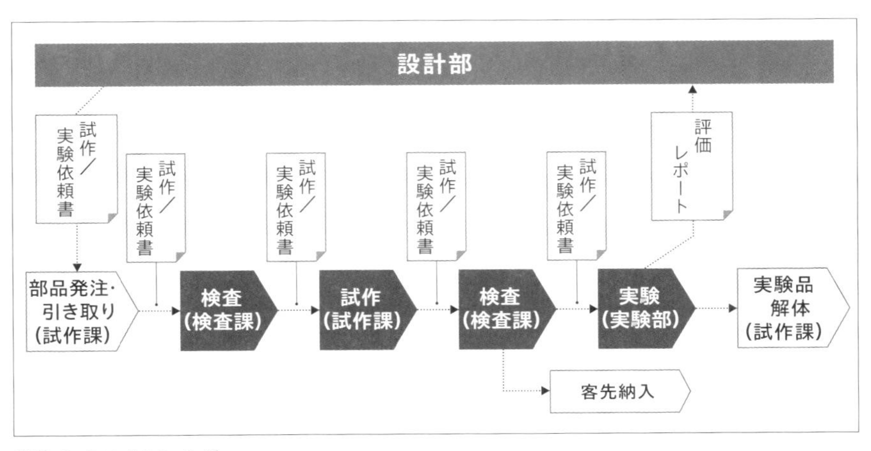

(出所：PwCコンサルティング)

図表9-9-3　部門間で発生している付帯業務削減分析イメージ

設計部⇔試作課で発生するオーダー			試作関連業務の工数削減視点：業務量削減	試作関連業務の工数削減視点：業務効率化	工数削減に向けた課題仮説	課題抽出手法
試作オーダー	試作依頼	計画的な依頼	なくせない依頼	効率化が可能な試作関連業務	•試作依頼方法の改善 •計画の立て方改善 •もの運び、組み立てなど	•試作関連業務プロセス分析（試作依頼のプロセス）
				効率化できない試作関連業務	（工数削減不可能）	
			なくせる依頼		•実験NGによるn増し •デザインレビューでの追加指示の削減	
		計画外の依頼（突発依頼）	なくせない依頼	効率化が可能な試作関連業務	•試作依頼方法の改善 •計画の立て方改善 •もの運び、組み立てなど	•試作関連業務プロセス分析（試作依頼のプロセス） •突発試作オーダー分析
				効率化できない試作関連業務	（工数削減不可能）	
			なくせる依頼		•実験NGによるn増し •デザインレビューでの追加指示の削減	•突発試作オーダー分析
	試作キャンセル		なくせないキャンセル	効率化が可能な試作関連業務	•キャンセル連絡の徹底など	•試作関連業務プロセス分析（試作キャンセルのプロセス）
				効率化できない試作関連業務	（工数削減不可能）	
			なくせるキャンセル		•計画の立て方改善	•キャンセル試作オーダー分析

（出所：PwCコンサルティング）

15のテーマ ⑩

組織風土の活性化

顧客からの要求が高まる中、組織構造や役割、人員配置がいびつな状態で業務が行われていると、組織全体が疲弊し、部門間の壁が厚くなってスムーズな意思疎通ができなくなっていく。最悪の場合、部門間で業務依頼が無視されたりけんかになったりして業務が滞り、顧客への納品にまで悪影響が出てしまう。顧客に競合他社へ転注（発注先変更）されてしまうケースさえある（図表9-10-1）。

図表9-10-1　部門間の壁が厚くなりすぎた部品メーカーの例

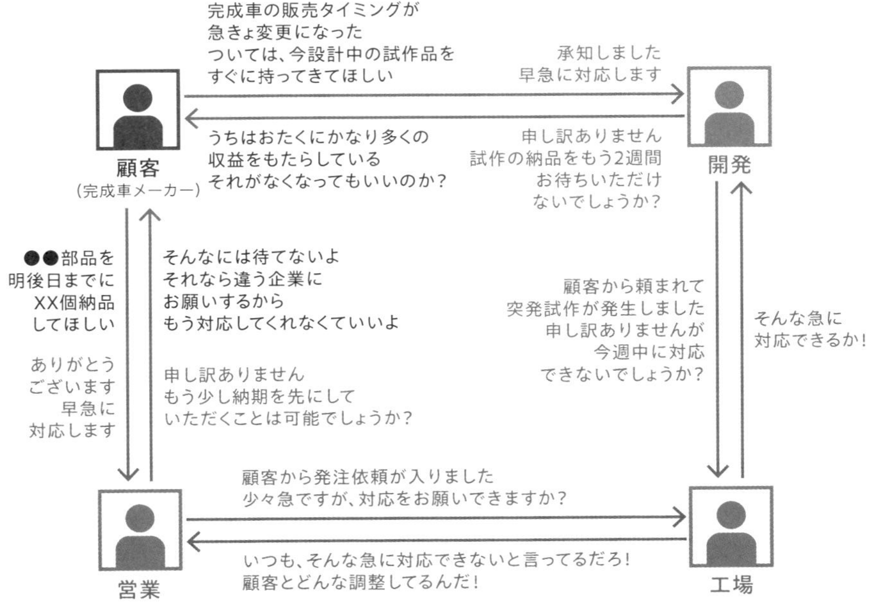

（出所：PwCコンサルティング）

不満や困りごとを吐き出してもらう

　そのような事態を避けるため、組織構造・役割・人員配置の定期的な見直しや最適化と並行して、各部門やグループに、お互いに対してどのような不満や困りごとを抱えているのかを吐き出してもらい、中立的な立場のファシリテーターが入り、双方の言い分をぶつけ合う場をつくる（図表9-10-2）。最終的にはお互いが建設的な気持ちで着地できるよう、部門間で連携して今後どのような改善を図っていくべきかを議論し、実行に移していく取り組みが重要だ（図表9-10-3）。こうした取り組みを進めることで部門間の壁が徐々に薄くなり、組織風土の活性化につながって

図表9-10-2　組織風土活性化の取り組み

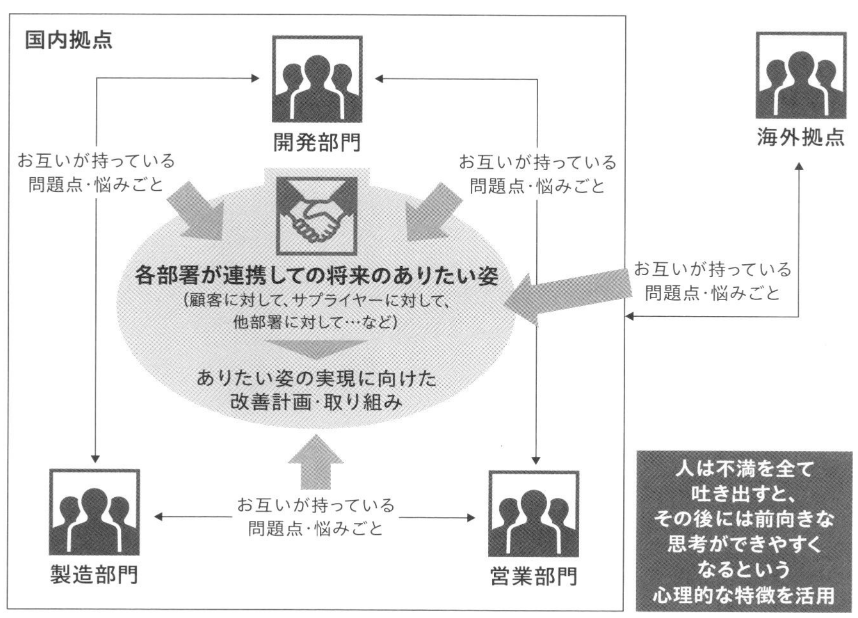

（出所：PwCコンサルティング）

図表9-10-3　組織風土活性化の進め方

Step 1 **現状の問題点・不満の吐き出し**	•問題点の吐き出し •吐き出した問題点の重み付け •重点的な問題点が発生している理由の掘り下げ •重点的な問題点のビジュアル化
Step 2 **将来の双方のありたい姿の描写**	•重点的な問題点のプレゼン(全部署の前で) •プレゼン内容に関する意見交換 •各部署の「顧客」を定義 (顧客は商品提供先だけでなく、関係部署、サプライヤーなども定義) •各顧客に対してのありたい姿を作成 (「**に対して●年後に●●になりたい」という内容を明確化)
Step 3 **ありたい姿実現に向けた改善検討**	•自部署内で改善することの抽出 •他部署に改善をお願いしたいことの抽出 •自部署と他部署が協力することの抽出 •改善活動マスタープランの立案
Step 4 **改善推進**	•改善活動マスタープランに則った改善活動の推進 •改善活動の状況シェア(全部署の前で)

(出所:PwCコンサルティング)

図表9-10-4　ジョハリの窓

	自分が認識している	自分が認識していない
他人が認識している	**開放の窓** 「公開された自己」	**盲点の窓** 「自分は気づいていないものの、他人からは見られている自己」
他人が認識していない	**秘密の窓** 「隠された自己」	**未知の窓** 「誰からも知られていない自己」

いく。

このアプローチは、人間心理に基づいた「ジョハリの窓」というフレームワークを活用している。ジョハリの窓では、自分が知っている「自分の特徴」、他人が知っている「自分の特徴」の一致・不一致を4パターンに分類する。自己理解のずれや抜け漏れに気づき、それを受け入れることで他人とのコミュニケーションを円滑にする、心理学でよく使用されているフレームワークだ（図表9-10-4）。

また、部門間の問題点を整理する際には、図表9-10-5のようなフレームワークを活用することが有効だ。これにより、各部門の問題点・不満の見落としや、部門間連携での課題を抽出できる。あらゆる組織において、自部門の問題点は他部門の方がよく認識しているという傾向が強く、各部門の問題点・課題を網羅的に抽出するには、自部門だけでなく他部門にも聞くのが有効であると考えられる。それらを組み合わせて、ジョハリの窓の4つのうち「開放の窓」「盲点の窓」「秘密の窓」の3つを開くことができる。

各部門の問題点・不満を他部門に全て吐き出してもらうという方法は、

図表9-10-5　問題点・不満の吐き出しに関するフレームワーク

問題点・不満を吐き出す部門（From）	問題点・不満を吐き出される部門（To）					
	営業部	開発部	設計部	調達部	品質保証部	生産技術部
営業部						
開発部						
設計部						
調達部						
品質保証部						
生産技術部						

- 各部門が抱えている、他部門に対する問題点・不満を吐き出し、その解決に向けた改善課題に対して、部門間連携して取り組んでいく
- 「自部門の問題点は、他部門の方が認識している」という傾向が強いため、このフレームワークを活用

■：自部門が認識している、自部門起因の問題点・不満（開放の窓、秘密の窓）
□：他部門が認識している、他部門起因の問題点・不満（開放の窓、盲点の窓）

（出所：PwCコンサルティング）

「人は不満を全て吐き出すと、その後は前向きに思考しやすくなる」という心理的な特徴も利用している。組織風土の活性化で目指すのは、あくまでも縦割り組織の壁の破壊であり、部門間連携課題の解決だ。単に他部門の不平不満を吐き出すだけでなく、それを各部門に伝達して認識させ、部門間がお互いどのように連携していくべきかを議論し、具体的な改善計画を立案・実行していくことが重要だ。

これを実現していく上で、中立的な立場のファシリテーターの存在は必須だ。問題点・不満を他部門に伝える際、部門間の壁が厚いほど雰囲気が悪くなりがちで、ひどい場合はけんかになる。これを客観的・冷静に仲介する存在がいないと、かえって部門間の壁が厚くなり、関係修復が困難になる。直接的なしがらみがなく、両者を公平に見て、その場の空気を的確に読み取りながらファシリテーションできるメンバーの役割が、組織風土活性化の成否を決めるといっても過言ではない。

15のテーマ ⑪

プロジェクト（PJ）管理の高度化

かなり以前からプロジェクトマネジメント（PM）の高度化に取り組んでいるのに、うまく進められず悩んでいる企業が多く存在する。多くの企業における取り組みを俯瞰（ふかん）すると、プロジェクト（PJ）で運用するドキュメントや確認ポイント、手法・ツールといった「管理項目」を対象としたマネジメントが主な内容になっている。すなわち、「管理すべき項目をもれなく管理・運用できているか」といった「静的」な視点が強い傾向にあった。

図表9-11-1　プロジェクトマネジメント高度化に必要な2つの要素

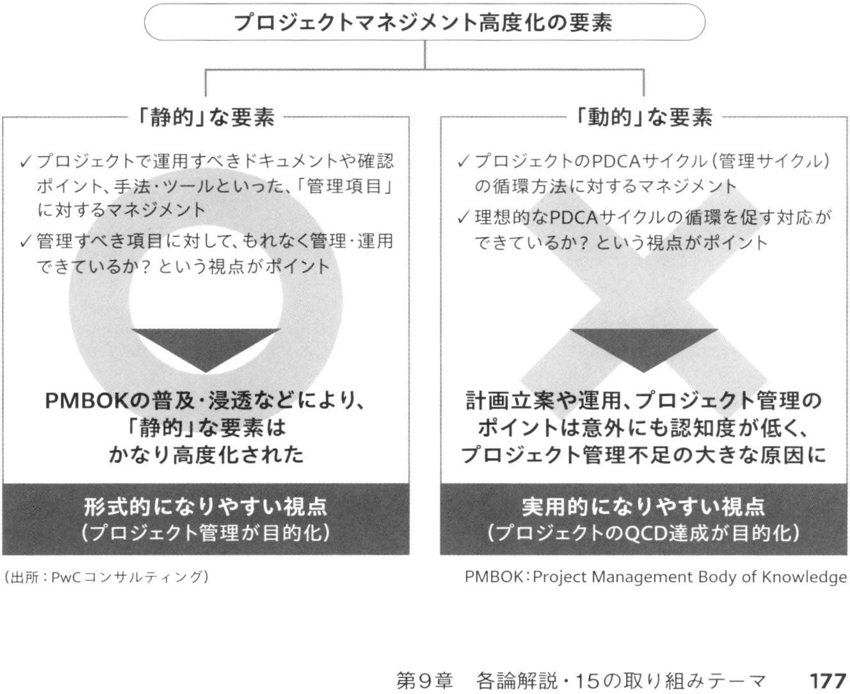

プロジェクトマネジメント高度化の要素

「静的」な要素	「動的」な要素
✓プロジェクトで運用すべきドキュメントや確認ポイント、手法・ツールといった、「管理項目」に対するマネジメント ✓管理すべき項目に対して、もれなく管理・運用できているか？という視点がポイント	✓プロジェクトのPDCAサイクル（管理サイクル）の循環方法に対するマネジメント ✓理想的なPDCAサイクルの循環を促す対応ができているか？という視点がポイント
▼	▼
PMBOKの普及・浸透などにより、「静的」な要素はかなり高度化された	**計画立案や運用、プロジェクト管理のポイントは意外にも認知度が低く、プロジェクト管理不足の大きな原因に**
形式的になりやすい視点（プロジェクト管理が目的化）	**実用的になりやすい視点（プロジェクトのQCD達成が目的化）**

（出所：PwCコンサルティング）

PMBOK：Project Management Body of Knowledge

管理強化の限界を動的視点の取り組みで超える

一方で、PJのPDCAサイクルに着目して、サイクルの循環方法を高度化する取り組みは、十分といえる企業が少ない状況といえる。「理想的なPDCAサイクルの循環を促すマネジメントができているか」といった「動的」な視点の取り組みだ。この動的な視点の取り組みが、さらなるPM高度化のポイントになると考えられる（図表9-11-1）。

動的なPM高度化を考える上で、まず図表9-11-2にあるような、PJの代表的な遅延パターンを押さえておく必要がある。

これらの問題解決に向けて、動的なPMで目指す姿は以下の4つの視点で整理できる（図表9-11-3）。

図表9-11-2　プロジェクトの遅延でよく見られるパターン

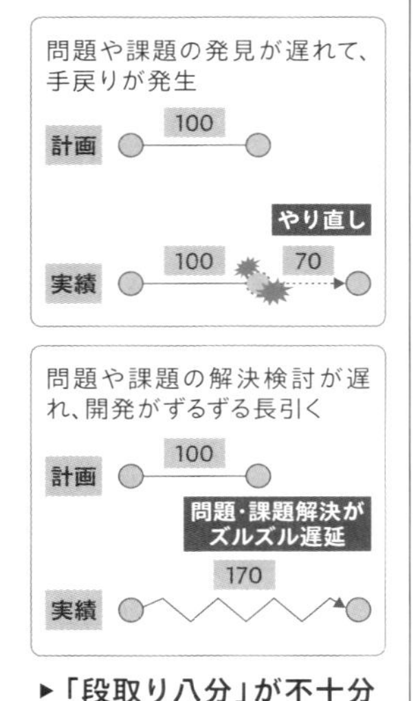

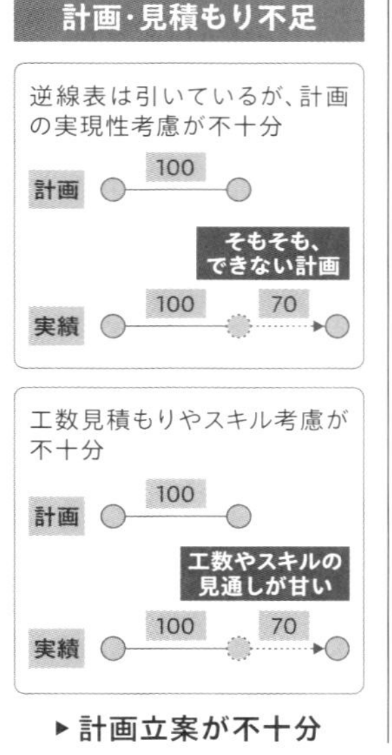

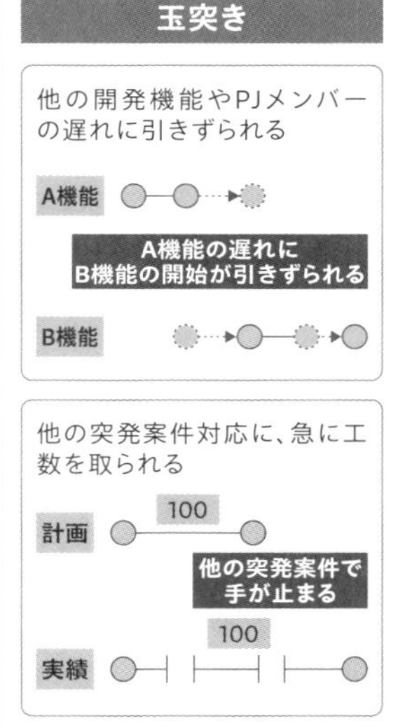

（出所：PwCコンサルティング）

(1) リスク・課題の抽出／解決の早期化
(2) スケジューリングからプランニングへのシフト
(3) 実現可能な計画の立案
(4) 前向きな空気をつくる進捗管理

それぞれについて解説していく。

●(1) リスク・課題の抽出／解決の早期化

PJ関係者を巻き込み、早い段階から定期的にリスクや課題の抽出・解

図表9-11-3　プロジェクトマネジメントの目指す姿を見る4つの視点

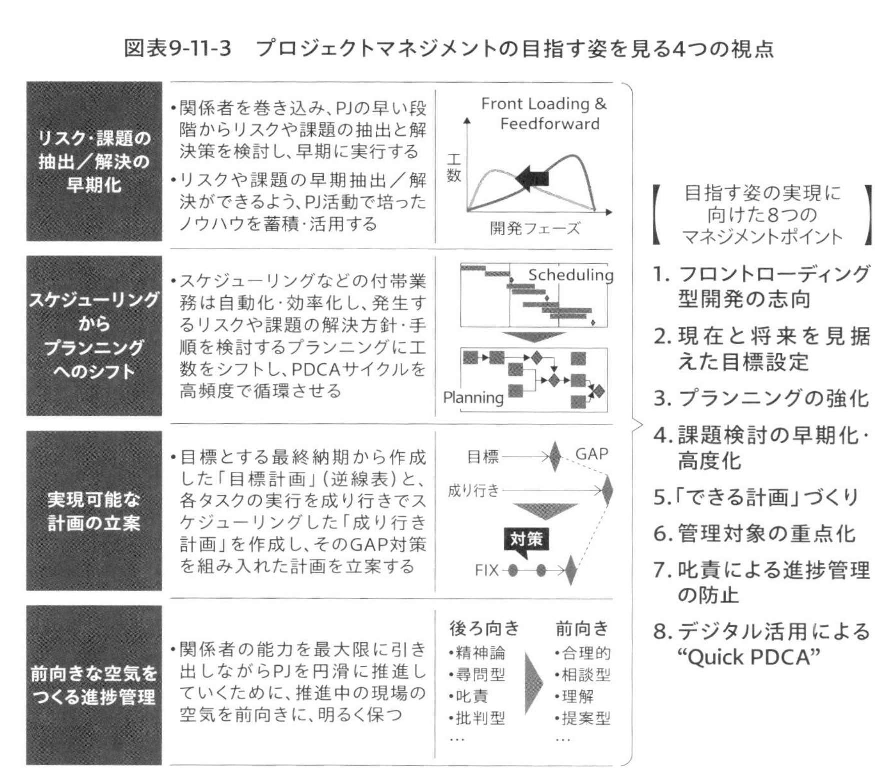

(出所：PwCコンサルティング)

図表9-11-4　リスクと課題とタスクの違い

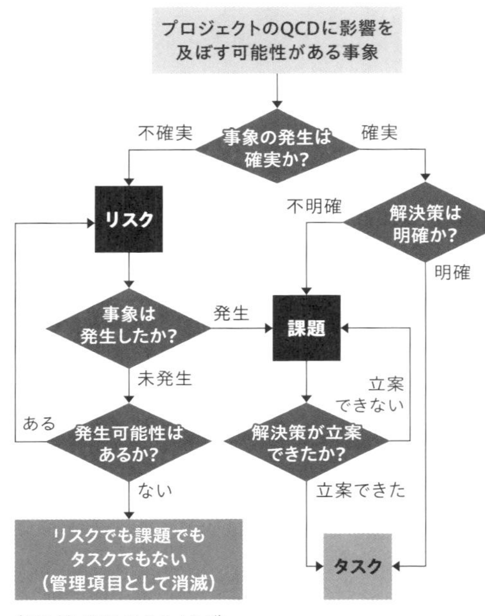

■ リスク
- プロジェクトのQCDに影響を及ぼす潜在的(発生するかどうか不明確)な事象
- 現時点ではまだ発生していない事象のため、早期に発見し、対応策を検討することが重要

■ 課題
- プロジェクトのQCDに影響を及ぼす顕在的な事象のうち、解決策が不明確な事象
- 課題はリスクと異なり、確実に発生するので、必ず解決策を見いださなければならない

重点管理すべき対象

■ タスク
- プロジェクトのQCDに影響を及ぼす顕在的な事象のうち、解決策が明確な事象
- 解決策が見えているため、速やかに、作業的に実施する

(出所：PwCコンサルティング)

図表9-11-5　リスク･課題の抽出／解決の早期化に向けたフロントローディング

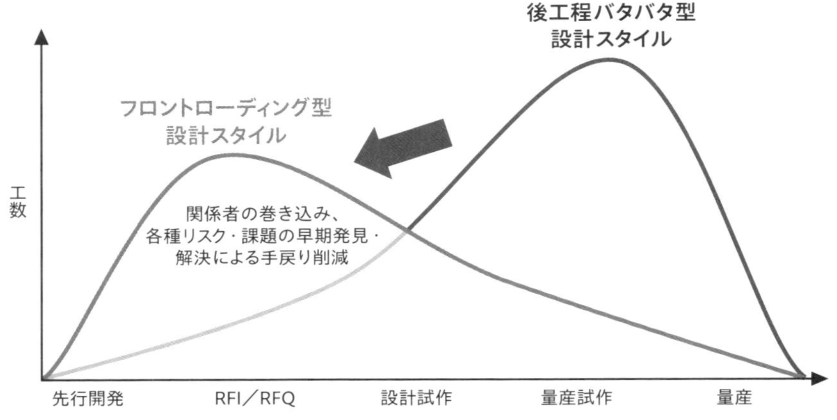

(出所：PwCコンサルティング)　RFI：Request for Information　RFQ：Request for Quotation

決を図っていくことが重要だ。PJ遅延の要因としてはタスク対応の遅滞よりも、リスク・課題対応の遅滞の方が大きくなりがちなため、"段取り八分"を念頭に置いたリスク・課題対応の早期化がポイントになる（図表9-11-4）。製造業各社で以前から行われているフロントローディングが、まさにこの取り組みといえる（図表9-11-5）。

●（2）スケジューリングからプランニングへのシフト

計画には「プランニング」と「スケジューリング」という2つの側面がある（図表9-11-6）。プランニングとは、PJで対応すべき各種リスク・課題の解決方針や手順を検討し、抽出されたタスクにどのような人的リソース（スキル、工数）で対応していくのか、などを検討する作業だ。一方、スケジューリングとは、プランニングで抽出されたタスクと人的リソースから、タスクの正味期間を計算し、計画表を作成する作業だ。

この2つのうち、より重視すべきはプランニングだ。スケジューリングはPMツールなどをうまく活用して自動化・効率化し、発生し得るリスク

図表9-11-6　「プランニング」と「スケジューリング」

	プランニング	スケジューリング
概要	✓プロジェクトで発生するリスクや課題、その解決方針・手順をタスクにブレークダウンする作業 ✓**「課題解決者」は、目標を踏まえ、発生するリスク、課題を見いだし、解決策を考えるプランニングが必要**	✓抽出したタスクを時間軸に沿って実行するスケジュール表を作成する作業 ✓**「作業者」は、与えられた目標を決められたプランに基づいてスケジューリングするだけでよい**
イメージ	（例）計画、地図、図解、設計図 →課題解決型	4月 5月 6月 （例）予定表、時刻表、明細書 →作業処理型

（出所：PwCコンサルティング）

や課題に対して解決方針・手順を検討するプランニングに多くの工数を投入していくことが重要である。

●（3）実現可能な計画の立案

多くのPJでは「逆線表」と呼ばれる、最終目標（納期など）から遡って途中のマイルストーンやタスクの実施時期を抽出する計画立案方法を採っている。当然、PJには最終目標の達成が求められるので逆線表は必要だが、それだけにとらわれると「逆線表で引いた計画は本当に実現可能なのか？」についての検討が抜け落ちてしまう、という問題が起こりがちだ。

これを防止するために、逆線表を「目標計画」と置き、他方で各タスクを成り行きで進めたらどの程度の期間がかかるかを検討して「成り行き計画」を併せて作成する（図表9-11-7）。この目標計画と成り行き計画の間に大きなギャップがあるところへ対策を折り込み、計画の質を高めることが重要だ。質を高めた計画を「実現可能な計画」と呼ぶ。

図表9-11-7　「目標計画」と「成り行き計画」

<目標計画>

	1月	2月	3月
要求仕様検討			
基本設計			
詳細設計			
…	…		…

逆線表で引かれたが、
このような計画は
到底実現できない…

<目標計画と成り行き計画>

		1月	2月	3月
要求仕様検討	目標			
	成り行き			
基本設計	目標			
	成り行き			
詳細設計	目標			
	成り行き			
…				

要求仕様検討を
目標通り進行させる
ためには何が
必要だろう？

計画達成が
難しそうなのは
どこだろう？

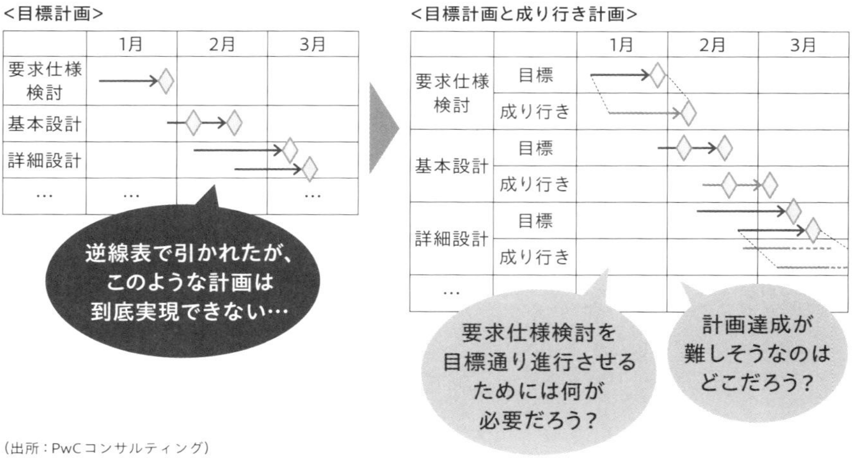

（出所：PwCコンサルティング）

●（4）前向きな空気をつくる進捗管理

PJ推進中に進捗やリスク・課題を定期的に確認することは当然だが、その際に気をつけるべきことは確認の場の運用方法である。報告に対する厳しい叱責や高圧的な詰問などは組織のルールとして禁止すべきだ。叱責や高圧的態度によるマネジメントが横行すると、メンバーが遅延状況やリスク、問題などを隠蔽し、それぞれ自身の役割を狭めて互いにフォローし合わない雰囲気になってしまう。PJ終盤になって初めて致命的な問題が顕在化するなど、取り返しのつかない事態を招きかねない。

関係者全員が明るく元気で前向きな時とその逆の時では、生産性や作業の正確性など、様々な面で大きな差が生じる。PJの空気を一定以上の明るさに保つ努力が重要だ。

15のテーマ ⑫

機能別組織の高度化

人員の負荷状況を可視化しタイムリーに見直す

「プロジェクト（PJ）管理の高度化」に加えて、PJ成果を向上させる上で重要なのが機能別組織に対するマネジメントの高度化だ（図表9-12-1）。機能別組織とは、PJに人員をアサインする開発部、設計部、評価実験部、生産技術部などの部署を指す。

図表9-12-1　プロジェクトマネジメントと機能別組織マネジメント

短期的効果
機能別組織からアサインされた人材を有効活用してプロジェクト目標を達成する責任を負い、それに必要な権限を持つ

中長期的効果
プロジェクトへ投入するリソースの調整、工数管理、プロジェクトで習得した知見のナレッジ化、人材育成、組織力強化などの責任を負い、それに必要な権限を持つ

機能別組織
部長　部長　部長
設計部　実験部　生技部　…

プロジェクトチーム
プロジェクトマネジャー　プロジェクトA　プロジェクトメンバー　プロジェクトメンバー　プロジェクトメンバー　プロジェクトメンバー　プロジェクト成果
プロジェクトマネジャー　プロジェクトB　プロジェクトメンバー　プロジェクトメンバー　プロジェクトメンバー　プロジェクトメンバー　プロジェクト成果
プロジェクトマネジャー　プロジェクトC　プロジェクトメンバー　プロジェクトメンバー　プロジェクトメンバー　プロジェクトメンバー　プロジェクト成果

（出所：PwCコンサルティング）

図表9-12-2　機能別組織のマネジメント層が担うべき役割と、職位による役割の違い

機能別組織のマネジメント層の役割

	維持機能 (メンテナンス)	改革機能 (イノベーション)
業務的側面	**業務管理** 組織が保有する各業務の標準プロセスを設定し、その標準に基づいてミスやトラブル、取りこぼしなく着々と運営(年度計画レベルの業務活動を統括推進)すること	**業務改革** 中長期な視点に立ち、新しい発想と方法により担当業務を改革(改革テーマ設定、構想意思決定、説得・合意形成、改革準備、実施、評価修正など)し、新しい利益を自己の部門から生み出すこと
人材的側面	**人材管理** 部下がトラブルなく、安心して業務に集中できる環境を維持し、優秀なメンバーが辞めるなどのことがないような、働きがいのある環境をつくること	**人材改革** 部門内部の組織風土(共通的な価値観や行動の習慣)を改革し、そのモラルや行動力、ものの考え方、知的活動のレベルを大きく変えることや、有用な中核メンバーの育成などによって人材構成を変化させること

職位による役割の違い

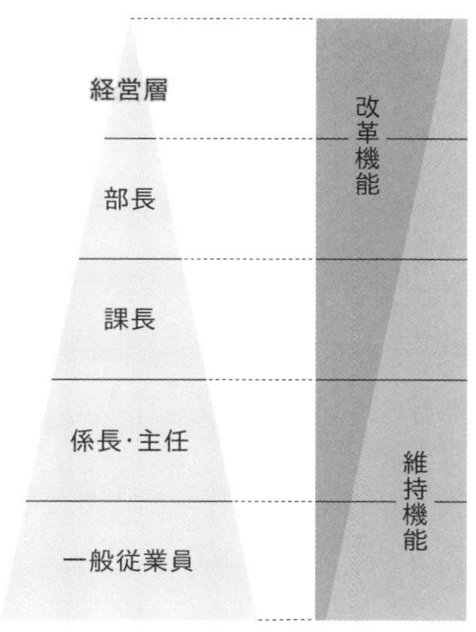

- 第一線(現場)に近い管理者・監督者ほど、日常に関わる維持機能活動のウエイトが大きく、部長や経営層になるにつれて、改革機能活動の割合が増え、維持活動へのコミットメントが少なくなるのが、全階層の人材の力を最も有効に発揮させる分業の形態
- 経営層や部長層が日常業務の細部にこだわって大局の意思決定や指導を怠ったり、第一線(現場)が全体ビジョンや戦略(方針)を論じて日常の守りをおろそかにしては、機能別組織は成り立たない
- したがって、課長に比べると、部長の主たる業務は改革機能にあり、その評価はいかなる改革を企画し、どの程度まで成し遂げたかによって決まる

(出所：PwCコンサルティング)

機能別組織のマネジメント層は、その組織の「維持」と「改革」という2つの役割を担うのが一般的だ。この維持と改革の対象として、「業務」と「人材」の2つがあり、図表9-12-2のように整理できる。機能別組織の職位に応じて、維持／改革の軸と、業務／人材の軸で4象限に区分して捉え、マネジメント層の役割を明確化し、組織の高度化を図ることが重要だ。

機能別組織マネジメントの具体的な内容は、PJへ投入するリソースの

図表9-12-3　機能別組織の人材負荷の可視化～組織改善検討イメージ

テーマ名		所属メンバー（現状の工数比率）							
		＊＊	＊＊	＊＊	＊＊	＊＊	＊＊	＊＊	＊＊
自主企画テーマ •新材料研究 •サプライヤー探索 •次期開発構想など	変性＊＊開発							10%	10%
	高破壊＊＊開発							30%	
	高耐摩耗＊＊開発				10%				
	酵素処理新＊＊開発						20%		
	＊＊天然＊＊開発							10%	
	＊＊原料高付加価値化				10%	70%		30%	10%
案件対応テーマ •他本部・部からの依頼開発 •客先対応開発など	＊＊置換技術開発	20%	40%	30%	40%				
	＊＊廃止技術開発	10%		60%					
	＊＊代替技術開発		30%						
	＊＊スペック最適化	10%					60%		
	新興国＊＊適用展開	20%							30%
	汎用＊＊導入適用	10%			10%				20%
開発完了後の工場／顧客フォローおよび他本部支援	＊＊関連	10%					20%		
	汎用＊＊工場フォロー	20%			20%	30%			20%
	開発品＊＊工場フォロー		20%		10%				
その他本部・部共通活動など	＊＊ラボR&D支援		10%					20%	10%
	部内OA担当業務			10%					
合計		100%	100%	100%	100%	100%	100%	100%	100%

（出所：PwCコンサルティング）

調整、工数管理、PJで習得した知見のナレッジ化、人材育成などだ。これが不十分だと、人員への負荷のばらつきや、PJと人材スキルのミスマッチ、人員過不足への対応の遅延、技術ナレッジの欠如、人材の育成遅延など、組織全体に様々な悪影響を及ぼす。まずは各部署の人員の負荷状況を可視化し、タイムリーに見直して最適配置を図るのがポイントだ(図表9-12-3)。

業務工数構造		
現状	目標	現状／目標のGAP原因と改善着眼
26%	35%	•様々な部署と連携しながら業務推進しているので、調整に時間がかかる(製造技術、調達、内製事業部、材料設計部)。**氏が調整役 •材料開発部が中心となってリーディングしているため、対応工数が大きい •本社部門は会議設定などは行うが、実務はあまり入らない •業務の重複が発生しているので、会議体などまとめられるところはなるべくまとめていきたい ・例:**の**置換技術開発、**廃止技術開発、**スペック最適化は全て関連している ・テーマ間計画は立案している ・計画を作る担当者(PM):PM成果が人事評価にひも付いていない(個人のモチベーションになっていない)
49%	50%	•汎用**工場フォローについて →ある程度のトラブル対応の判断ができるような基準を作成した方がよい •PJは材料開発部がリーディングしているが、他部門は完全に受け身で、本当にPJ体制を取っていくべきか不明な部分がある→推進されているPJは、本当にPJ体制を取るべきか、見直した方がよい(「**の本質理解」など)
19%	10%	•主務者はPM業務があまり得意ではなく、モチベーションもあまり感じられない •PM業務が人事評価に入っていない •PM候補になるべく会議(技術・調達会議)に参加させるようにしている •**プロジェクトで**さんにPLとして、進捗管理を実践 •実務の中で、PM能力を鍛えていく
6%	5%	•主務者のPMは他部署が動いてくれない、お互いの役割が明確でない、といった悩みを抱えている→DRの活用(重み付け、NGの時のリカバリー策まで考慮したPM)、意思決定 •誰が何をやるかが明確になっているとよい→課題が見えた段階で役割分担を明確にする
100%	100%	

DR:デザインレビュー　PM:プロジェクトマネジメント／マネジャー　PL:プロジェクトリーダー

15のテーマ ⑬

技術者のスキル強化

技術人材開発（育成・評価）の取り組みは以前から部品メーカーの重点課題の1つだ。昨今、社会・経済環境の著しい変化に伴って労働人員と時間を確保しにくくなる中、技術人材開発と通常業務との同時進行を余儀なくされるようになった。そこで、より効果的で効率的な取り組みが求められている。

現実には、忙しい開発現場でのOJTが場当たり的な進め方になっているなどの問題がある。何か問題が発生するたびにOff-JT教育メニュー（研修カリキュラムなど）が追加され、既存メニューと内容が重複して分かりづらくなるなどの例もよく見られる。このような、非効率な人材開発になってしまっている企業が少なくないようだ。

本社の人事部門にとっても、技術部門の人材開発は専門的過ぎてなかなかフォローできていない実態がある。技術人材開発を全社的にいかに高度化していくかは重要なテーマだ。

業務へのアサインと人材開発方針を統合

技術人材開発と並行して検討すべきことに、「テーマ12 機能別組織の高度化」に登場した、技術部門全体のリソースマネジメントの高度化がある。メンバーの負荷状況や保有スキルなどを考慮しながら、どの業務案件にアサインし、かつどのように人材開発を進めるか、統合的に考えることが重要だ。この技術人材開発とリソースマネジメントを総合して、技術人材マネジメントと呼ぶ（図表9-13-1）。

この技術人材マネジメントを効果的・効率的に実現するための仕組み

図表9-13-1　技術人材マネジメントの定義

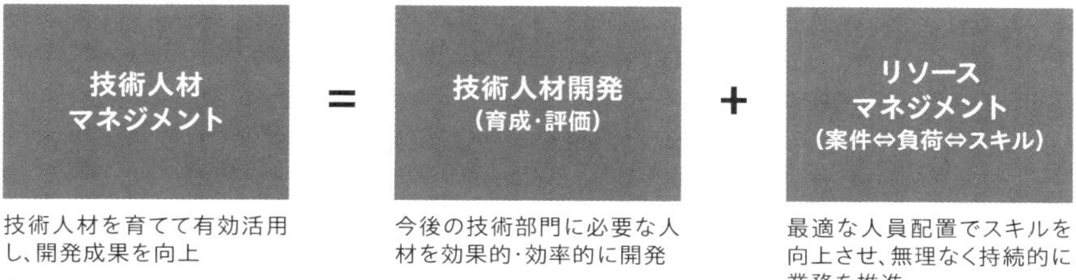

(出所：PwCコンサルティング)

の構築と整備が昨今求められている。技術人材マネジメントの目指す姿は、(1)技術人材開発の戦略・ビジョンを起点に人材開発システム(スキル要件／スキルレベル、OJT／Off-JT教育メニューやプロセス、人材評価制度など)が整備され、(2)技術部門全体のリソースマネジメントシステム(開発テーマ、人的負荷状況、スキルなど)とも連動して人材開発が行われ、さらに(3)継続的改善が図られている状態、であると考えられる(図表9-13-2)。

図表9-13-2　技術人材マネジメントの目指す姿

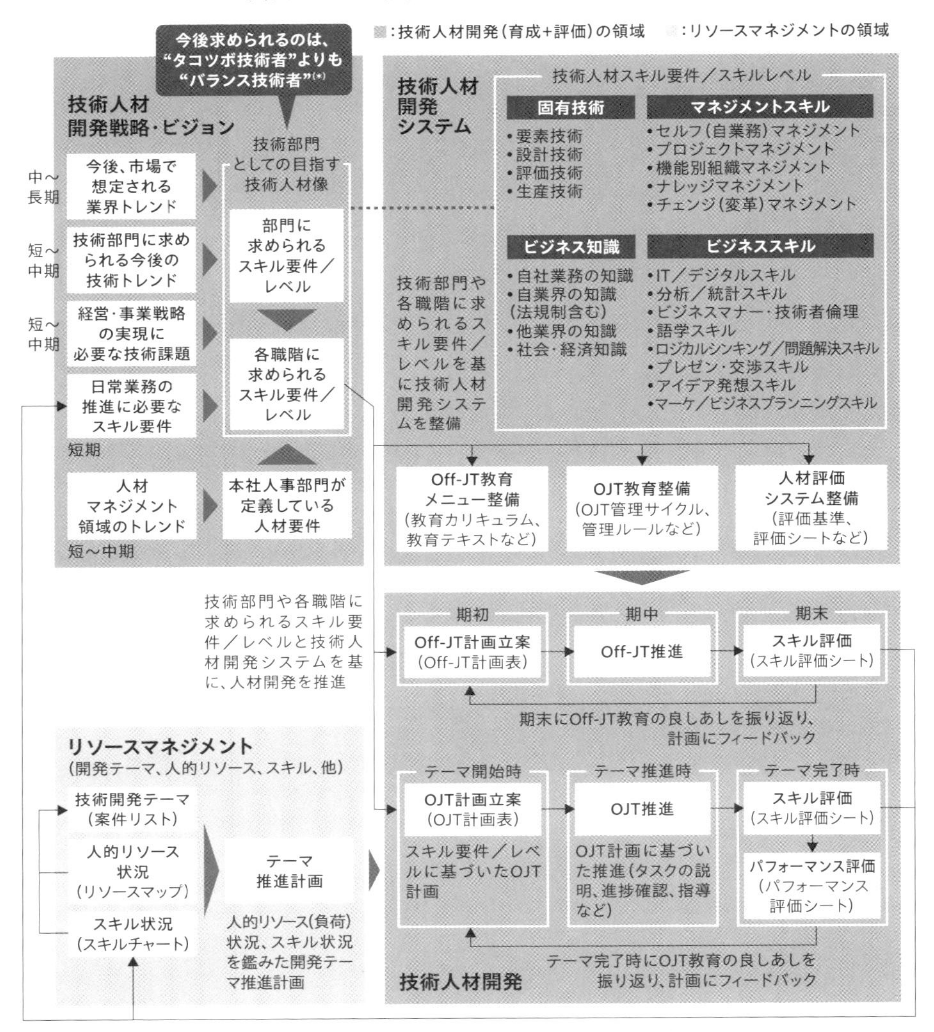

＊バランス技術者：技術に加えて、マネジメントやビジネスの知見を併せ持つ技術者

（出所：PwCコンサルティング）

15のテーマ ⑭

海外拠点の高度化

グローバル全体での開発／製造のQCD（Quality：品質、Cost：コスト、Delivery：納期）最適化を目指し、基幹技術開発、製品開発、製造機能に関して海外拠点や、海外協業企業との連携を強化する企業が増えている（図表9-14-1）。以前のような、基幹技術開発は国内拠点、派生開発は海外拠点といった分け方ではなくなりつつある。開発／製造機能のグローバル化はコスト面、リードタイム面でのメリットが大きく、さらにBCP（事

図表9-14-1　開発／製造機能のグローバル展開の進行

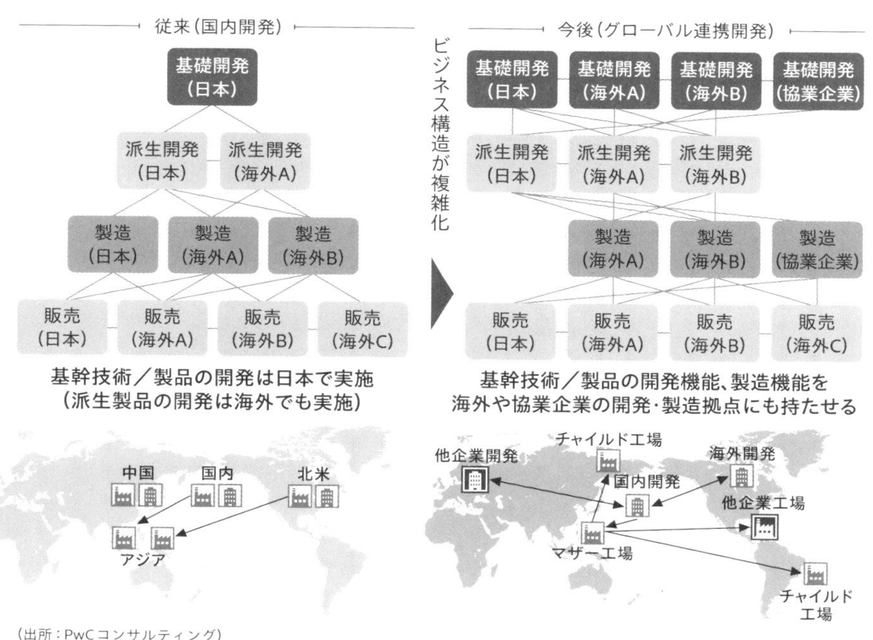

（出所：PwCコンサルティング）

業継続計画）の観点では、早期のリカバリーに向けた生産移管を実行しやすくなる。

一方で、連携の複雑さや環境・文化の違いにより、なかなか海外拠点のマネジメントがうまくいっていないケースも散見される。これらの状況を打開し、開発／製造機能のグローバル化を進める上で、業務プロセス、人材、技術資産、システム／セキュリティなど、様々な視点からマネジメントシステムを最適にローカライズしていく取り組みが求められている

図表9-14-2　開発／製造機能のグローバル展開による新たな問題

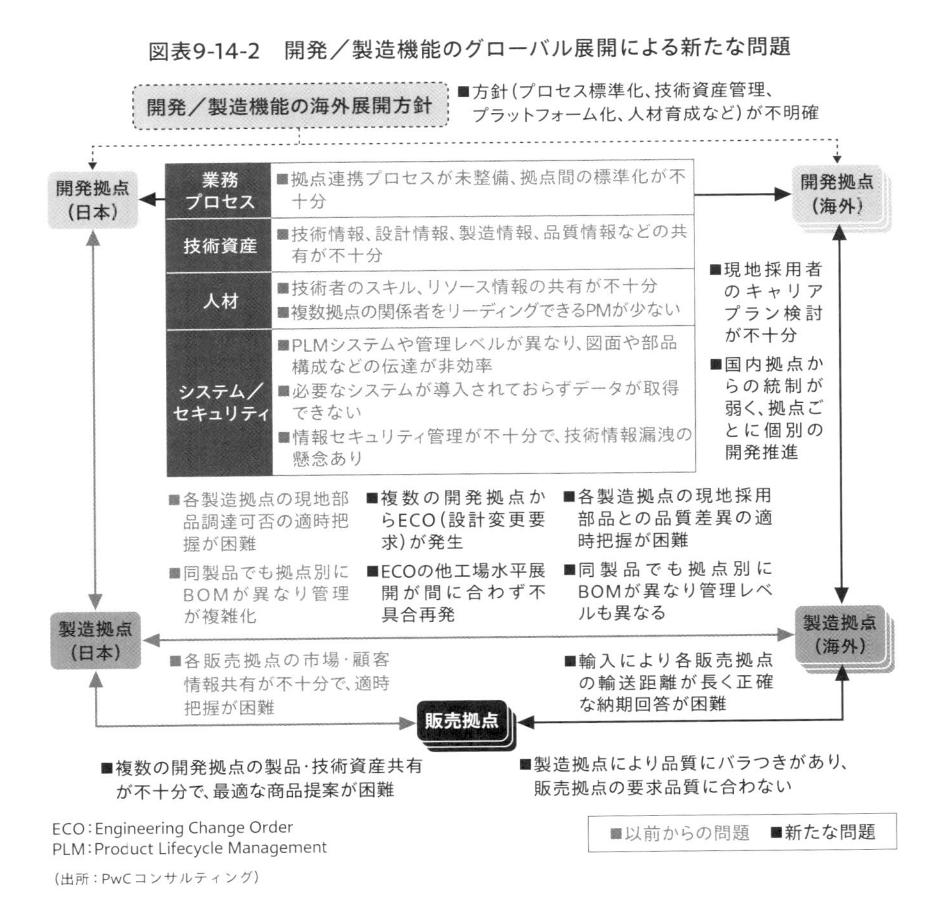

（出所：PwCコンサルティング）

（図表9-14-2）。

まずは、開発／製造機能のグローバル展開強化に向けて、その目的や全体シナリオを描く。課題対応の優先度を付け、限られた経営資源の効果的・効率的な活用を図る（図表9-14-3）。

図表9-14-2にあるように、開発／製造機能のグローバル展開強化には多岐にわたる課題が想定される。その中でも喫緊で重要なのは標準化活動である（図表9-14-4）。いつでもどこでも、どの製品もQCDが安定した

図表9-14-3　開発／製造機能のグローバル化シナリオ立案

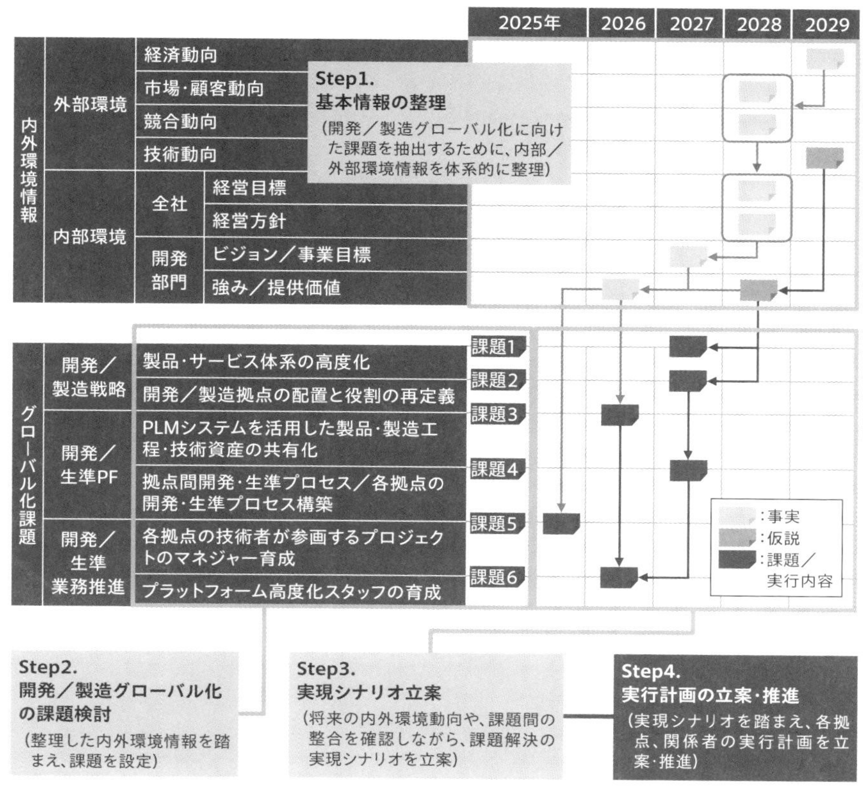

（出所：PwCコンサルティング）

生準：生産準備

状態で製造できるようにするため、開発と製造機能が連携して取り組む。標準化の対象には主に以下の3つが挙げられる。

● (1) 工程／工法の標準化

自社の製造方式（順序生産またはロット生産）に合わせて、製造工程を1つまたは数種類に統合し、品質対策（ポカヨケなど）も種類ごとに標準化を図る。

図表9-14-4　開発・製造機能の各種標準化

	主な課題	説明	課題解決に向けた施策
標準化	自社の生産方式の確立	自社の生産方式（順序／ロット生産）に合わせ製造工程を1つ／数種類に統合、品質対策（ポカヨケなど）も種類ごとに標準化	工程／工法標準化
標準化	設備仕様の共通化	多品種生産にフレキシブルに対応できるよう設備基本仕様を全工場で共通化、共通部と差別化部位を分けて定義	設備標準化
標準化	自社生産方式に合わせた製品構造の共通化	工程／工法や設備だけでは対応しきれない部分は製品構造も含めて共通化できる可能性を検討、標準構造として定義	構造標準化
QCD最適化	品質保証度による評価	品質レベルを定量化し、生産工場の環境条件に合わせた標準化施策を組み合わせて全社同一基準の品質レベルを維持	QAネットワーク
QCD最適化	生産ラインとQCDの関係性の見える化	生産ラインの各種変更と連動してQCD調整の影響が分かるよう、工程／設備／物流のコスト&リードタイム情報をひも付け	BOP／BOE
BCP対応	生産移管先の品質保証度比較	移管元と移管先の品質保証方法の違いを比較、品質レベルを維持するために必要な対策や代替案を迅速に決定	QAネットワーク
BCP対応	品質維持を前提とした生産移管のCD最適化	生産ラインの品質を維持しつつ、最短で大幅なコスト増のない生産移管方法を検討し、販売機会逸失を最小化	BOP／BOE

BCP：Business Continuity Plan　BOP：Bill of Process　BOE：Bill of Equipment
CD：コスト・納期　QA：Quality Assurance（品質保証）

（出所：PwCコンサルティング）

●（2）製造設備の標準化

多品種生産にフレキシブルに対応できるよう、設備基本仕様を全工場で共通化し、共通部と差別化部分を分けて定義する。

●（3）製品構造の標準化

工程／工法や設備だけでは対応しきれない部分は、製品構造も含めて共通化できる可能性を検討し、標準構造として定義する。

15のテーマ ⑮

デジタル／ツール強化

昨今、DX（デジタルトランスフォーメーション）推進が声高に叫ばれ、部品メーカーにおいてもエンジニアリングチェーン（EC）領域のDXとして、基幹システムにあたるPLM（Product Lifecycle Management：製品ライフサイクル管理）システム改革に取り組む企業が多くある。しかし残念ながら、この改革の多くが失敗に終わっているように見受けられる。

サプライチェーン（SC）領域のDXというと基幹のERP（Enterprise Resource Planning）システム改革が代表的だ。EC領域もこれに倣う形で進めるケースをしばしば目にするが、それでは抜本的なDXの実現は難しい面がある。EC領域の業務はSC領域の業務機能と比較して創造性が高く、作業的な業務より思考的な業務が多い傾向があるためだ。EC領域特有の、思考的な業務を高度化する上で何に取り組む必要があり、その中でデジタル技術をどう活用すべきか、業務起点で検討せねばならない。

図表9-15-1　業務要件の2階層構造化

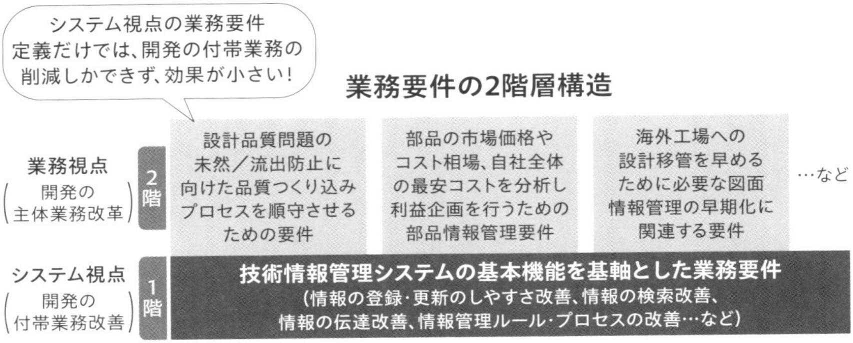

システム視点の業務要件定義だけでは、開発の付帯業務の削減しかできず、効果が小さい！

業務要件の2階層構造

業務視点（開発の主体業務改革）	2階	設計品質問題の未然／流出防止に向けた品質つくり込みプロセスを順守させるための要件	部品の市場価格やコスト相場、自社全体の最安コストを分析し利益企画を行うための部品情報管理要件	海外工場への設計移管を早めるために必要な図面情報管理の早期化に関連する要件	…など
システム視点（開発の付帯業務改善）	1階	技術情報管理システムの基本機能を基軸とした業務要件（情報の登録・更新のしやすさ改善、情報の検索改善、情報の伝達改善、情報管理ルール・プロセスの改善…など）			

（出所：PwCコンサルティング）

PLM費用対効果の向上：「システム視点」と「業務視点」を分ける

もともと、PLMシステムは費用対効果の獲得が難しいという傾向がある。PLMシステムを費用対効果の高いものにするためには、実現したい業務要件を「システム視点」と「業務視点」の2階層に分けることが重要だ（図表2-15-1）。このように切り分けると、1階のシステム視点で目指す姿は図表2-15-2、主要な改革テーマは図表2-15-3、解決できる問題の一例は図表2-15-4のようになる。システム視点（1階部分）とは、PLMシステム

図表9-15-2　PLMシステム活用の目指す姿（システム視点）

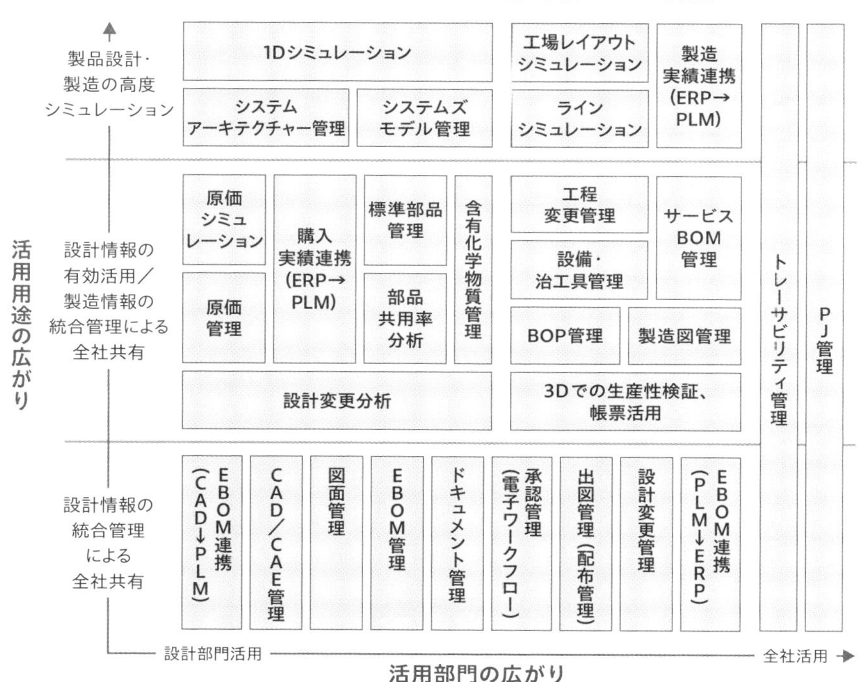

（出所：PwCコンサルティング）

図表9-15-3　PLMシステム改革における主要改革テーマ（システム視点）

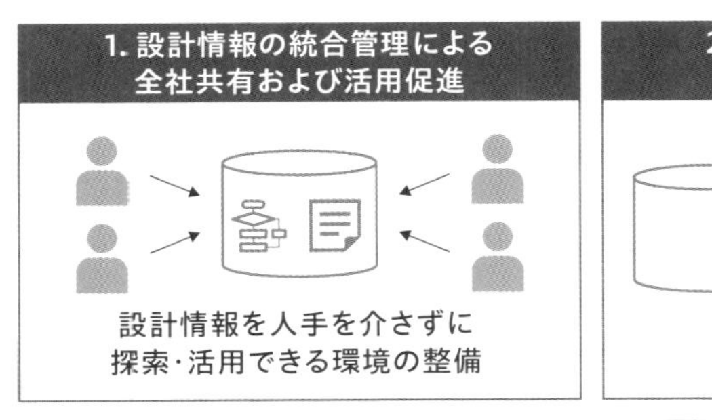

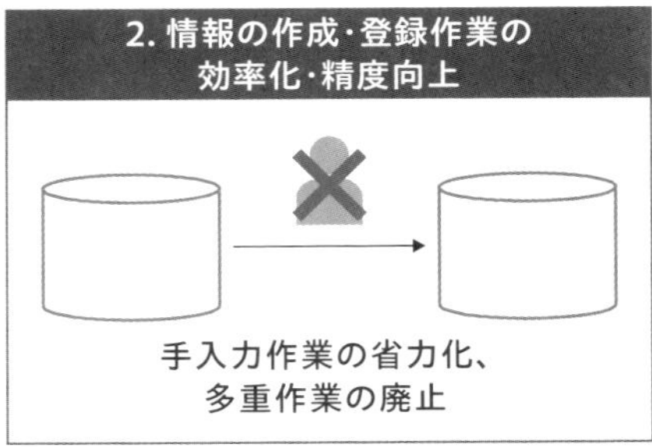

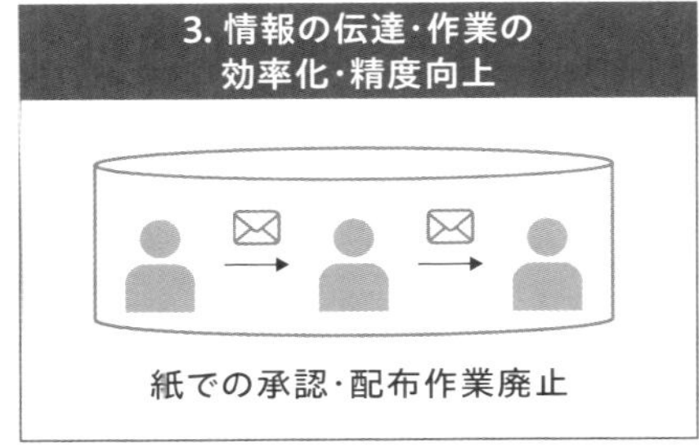

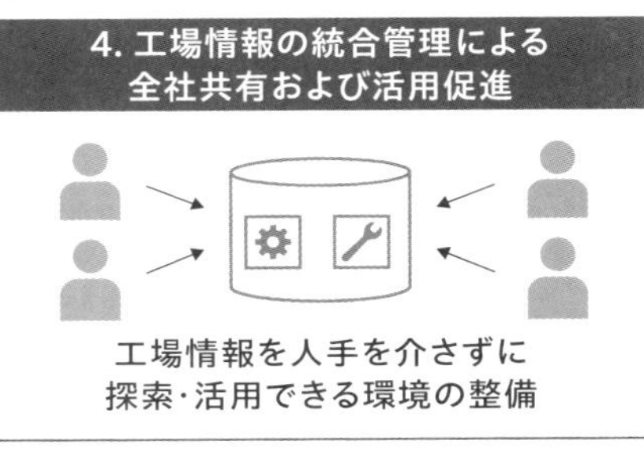

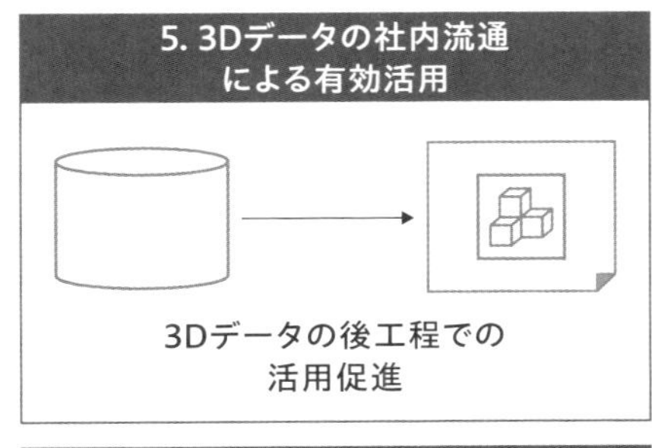

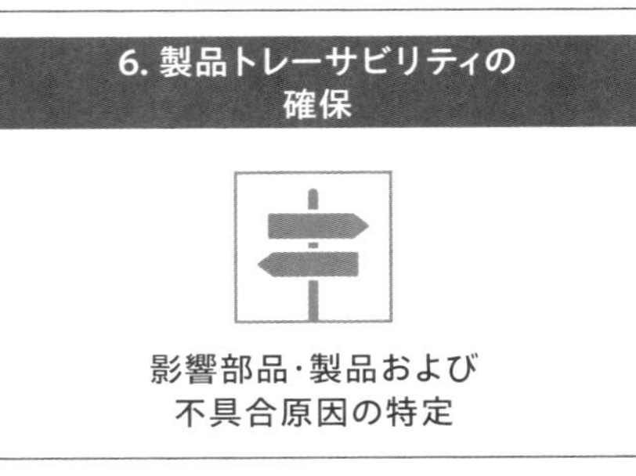

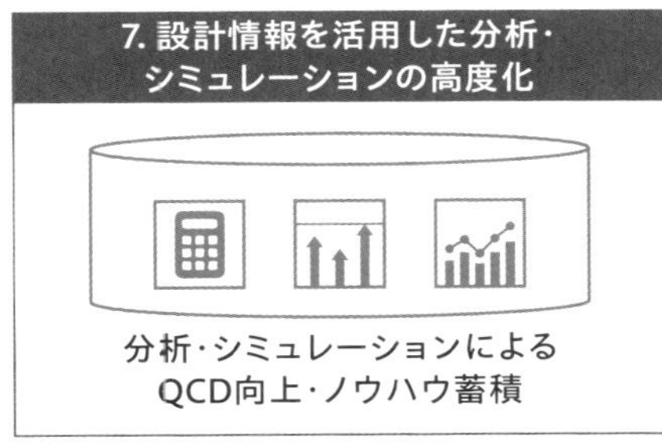

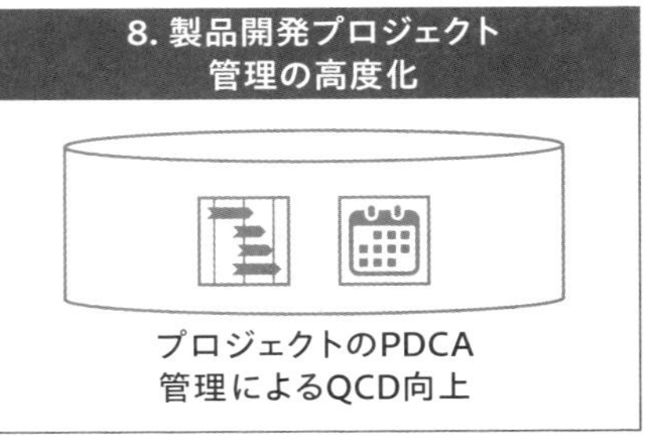

（出所：PwCコンサルティング）

図表9-15-4　PLMシステムで解決できる主な問題（システム視点）

問題の視点		よく見られる問題例
情報の検索	検索できない	•開発中PJのデータが公開されておらず、全ての情報を人づてに探す必要がある
		•EBOMに格納されている情報も、任意のキーでの検索ができない
	検索に多くの工数・手間	•情報が関連付いておらず、複数の仕組みを探しにいく必要がある
		•紙ベースでの検索がメインで、工数・手間がかかる
	問い合わせ対応に多くの工数・手間	•客先要求仕様に関する問い合わせ対応が多く、工数・手間がかかる
情報の活用	活用できない	•開発中PJのデータは公開されていないため、最新のPJの情報を流用できない
		•蓄積情報を各種分析などに活用できていない（部品の共用率分析・原価分析など）
		•3D情報を後工程が有効に活用できていない
	誤って活用	•情報の登録ミス・更新タイミングのアンマッチなどで、誤った情報の活用が懸念
	活用に多くの工数・手間	•情報の入力ルールがバラバラであり、内容が分かりづらい
		•帳票のフォーマットが分かりづらい
情報の作成・入力・登録	作成作業に多くの工数・手間	•パーツリストを中心に手作業での作成が運用上必須で、工数・手間がかかる
		•各種帳票作成に際し、開発とのやり取りに工数・手間がかかっている
	入力・登録に多くの工数・手間	•EBOMの操作性が悪く、手間がかかる
		•情報の手入力が運用上必須となっており、工数・手間がかかる
		•情報の登録ミス防止のため、人手による多重のチェックが必要
	作業漏れ発生	•他製品の共用部品が分からない
		•人手で生産システムのマスター切り替えを実施
情報の伝達	伝達に多くの工数・手間	•紙での承認・配布作業に工数・手間がかかる
	伝達されない	•伝達対象情報が不十分であり、必要な情報が伝達されていない
	正確・タイムリーに伝わらない	•二重承認や紙承認の作業が必須で、電子データがタイムリーに伝わらない
		•紙での承認後にデータの修正を実施しており、伝達情報とミスマッチが発生

システム視点の改革テーマ

- 類似部品および関連情報の検索効率化
- 他拠点の情報検索の実現
- 客先情報の検索実現／効率化
- 開発中のCADデータ・図面・パーツリストの検索実現／効率化
- 後工程からの問い合わせ対応の効率化
- CADデータ・パーツリスト・設計変更情報の参照・活用の効率化
- パーツリスト・設計変更の情報作成・登録の効率化
- CADデータ・パーツリストなどシステムへの情報登録作業の効率化
- 設計変更の影響範囲把握の実現
- 生産システム上での部品切り替え漏れの防止
- 関連情報の正確かつタイムリーな伝達

（出所：PwCコンサルティング）

図表9-15-5　PLMシステム活用の目指す姿（業務視点）（図表6-4再掲）

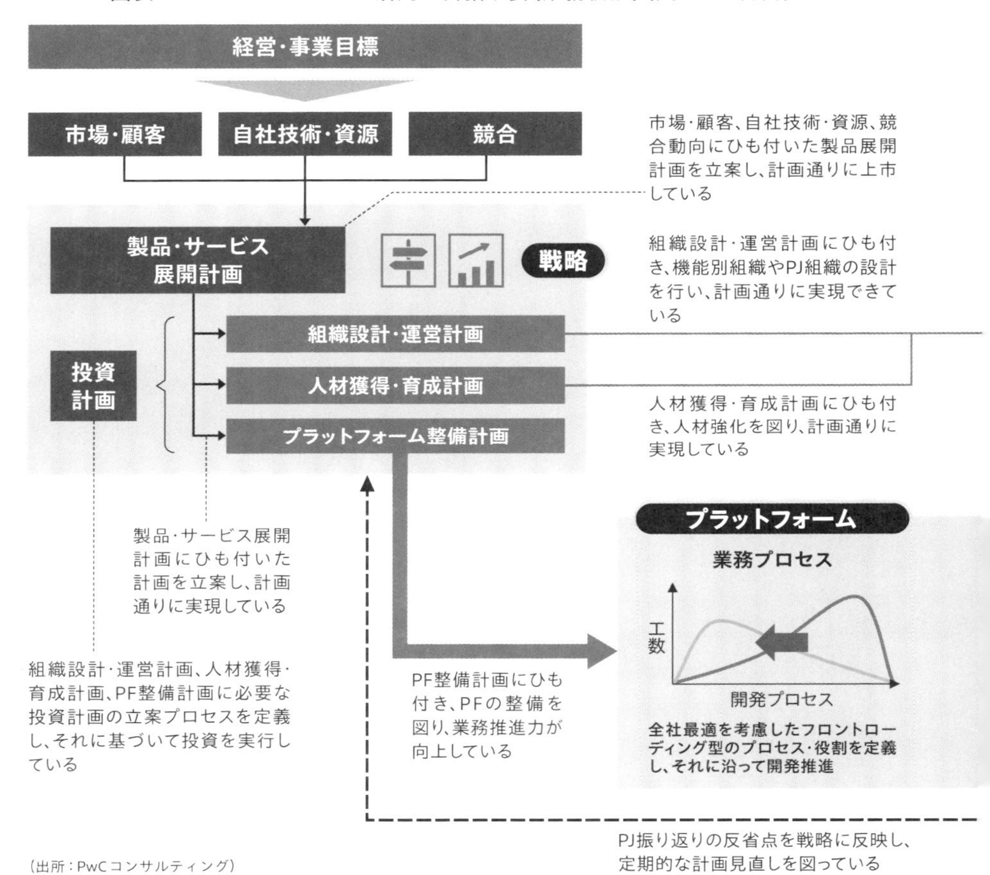

（出所：PwCコンサルティング）

の基本機能をベースとした業務要件で、技術情報の登録・更新のしやすさ、情報の検索性、情報伝達、情報管理ルール・プロセスなどを改善し、技術者の付帯業務改善に寄与する。

2階の業務視点で目指す姿は図表2-15-5、主要な改革テーマは図表2-15-6、解決できる問題の一例は図表2-15-7のようになる。業務視点（2階部分）とは、本書で解説している「開発イノベーションを起こす15テー

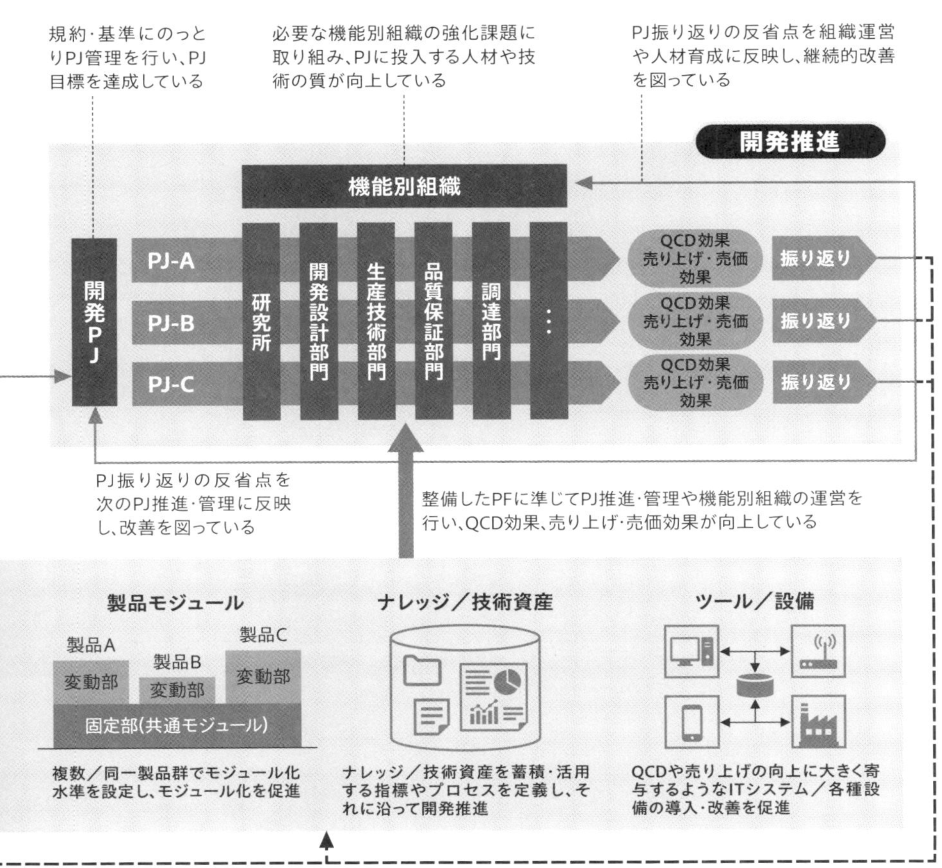

マ」を実現する上で、今後変革が必要となる業務要件だ。

現状のPLMシステムでなかなか費用対効果を得にくい大きな原因は、PLMシステムをCADデータや図面情報、部品表などの「技術情報」と呼ばれる情報の管理(1階部分に相当)にしか活用していないことにある。このような使い方では、技術者の付帯的な作業工数の削減しかできず、本来技術者が行うべき主体的な業務の効率化や設計品質の改善などには寄

図表9-15-6　PLMシステム改革における主要改革テーマ（業務視点）

1. 未来の洞察・創造

・未来構想しない
・SF世界
・現在の延長にある世界

事実・潮流+クリエイティビティーによる未来構想

起こり得る未来を描き、その未来を自主的に創造する

2. 戦略の明確化・具体化

Strategy…?
???

不明・曖昧な戦略を明確化し具体的な実現プランを描く

5. 技術開発・蓄積

活用しにくい過去データ

開発・整備された技術資産

中長期的な技術開発や過去の技術資産を蓄積する

6. 製品モジュール整備

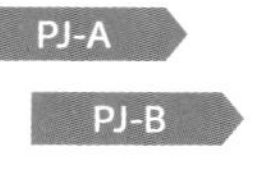

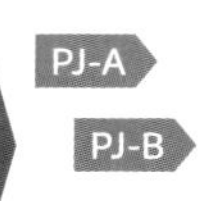

製品構造を見直しプラットフォーム型の開発にシフトする

9. 組織構造の最適化

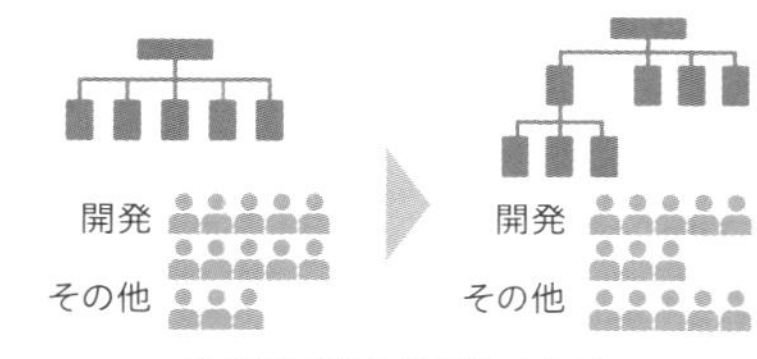

業務改革を実現できる組織構造・人員配置に変える

10. 組織風土の活性化

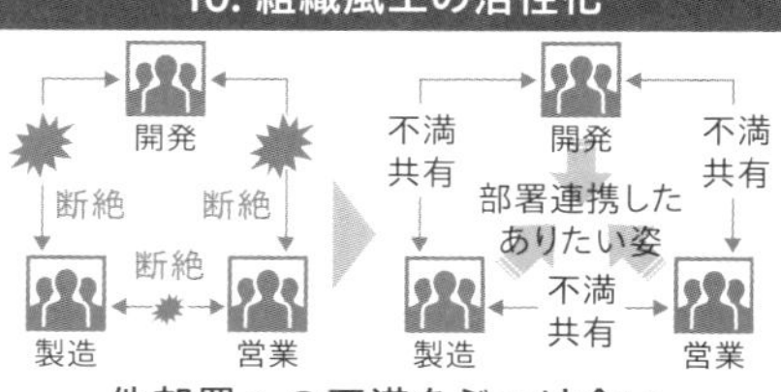

他部署への不満をぶつけ合い部署間連携の素地をつくる

13. 技術者のスキル強化

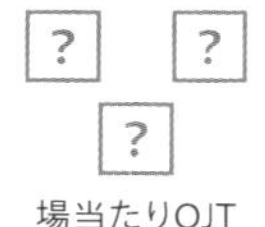

場当たりOJT
役立たずOff-JT

計画的OJT
実践的Off-JT

効果的・効率的な教育システムを整備し、技術者を育成する

14. 海外拠点の高度化

海外は無管理または押し付け

拠点に合わせた管理基盤を構築

各拠点の事情に合わせた運営や管理基盤を整備する

3. テーマの取捨選択

売上
利益率
売上
利益率

価値ある開発テーマに
フォーカスする

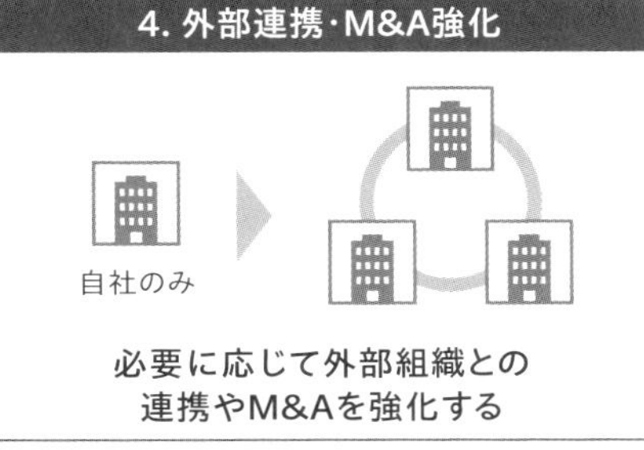

原価企画
利益↑ =
売価 − 原価↓

利益企画
利益↑↑ =
売価 ↑ − 原価↓

原価低減だけでなく売価アップ
（プライシング）にも力を入れる

8. 事前型プロセス構築

工数
開発プロセス

フロントローディングを志向し
問題発見／解決を早める

11. PJ管理の高度化

計画	精神論	▶	合理的
	スケジューリング	▶	プランニング
確認	尋問型	▶	相談型

精神論・場当たり的な管理から
合理的・計画的な管理に変える

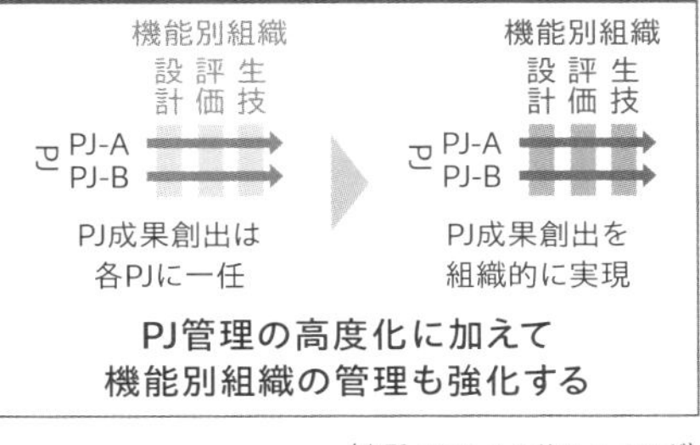

（出所：PwCコンサルティング）

与しないからである。

2階層の視点による改革や課題解決に加えて、業務視点のドラスチックな改革活動とひも付けて、改革後の新たな業務の流れに変更せざるを得ないようPLMシステムを使う方法がある。旧来の業務の進め方ができないよう、PLMシステムで業務上の制限をかける。自動化や効率化など、システムによって直接得られる効果に加えて、改革の実現や定着への寄与というメリットを得られる（図表9-15-8）。

図表9-15-7　PLMシステムで解決できる主な問題（業務視点）

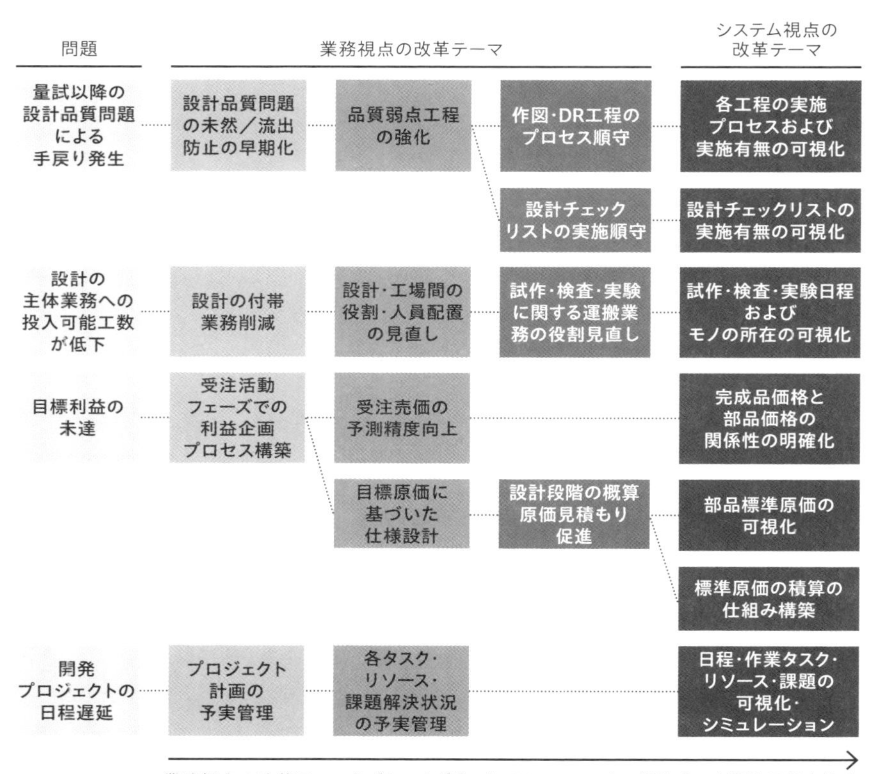

（出所：PwCコンサルティング）

さらに、PLMシステムによってより高い効果を狙う上で、ERPシステムやCRM（Customer Relationship Management：顧客関係管理）システムといった一周辺システムとの連携により、バリューチェーン全体での効果を狙うというアプローチがある。

例えば、アフターサービスのビジネスを今後拡大しようという時に、客先別の製品納入状況をタイムリーに確認できないと、アフターサービスの機会損失を生んでしまう。また、アフターサービスについて客先か

図表9-15-8　変革を支えるツールとしてもPLMシステムを活用する

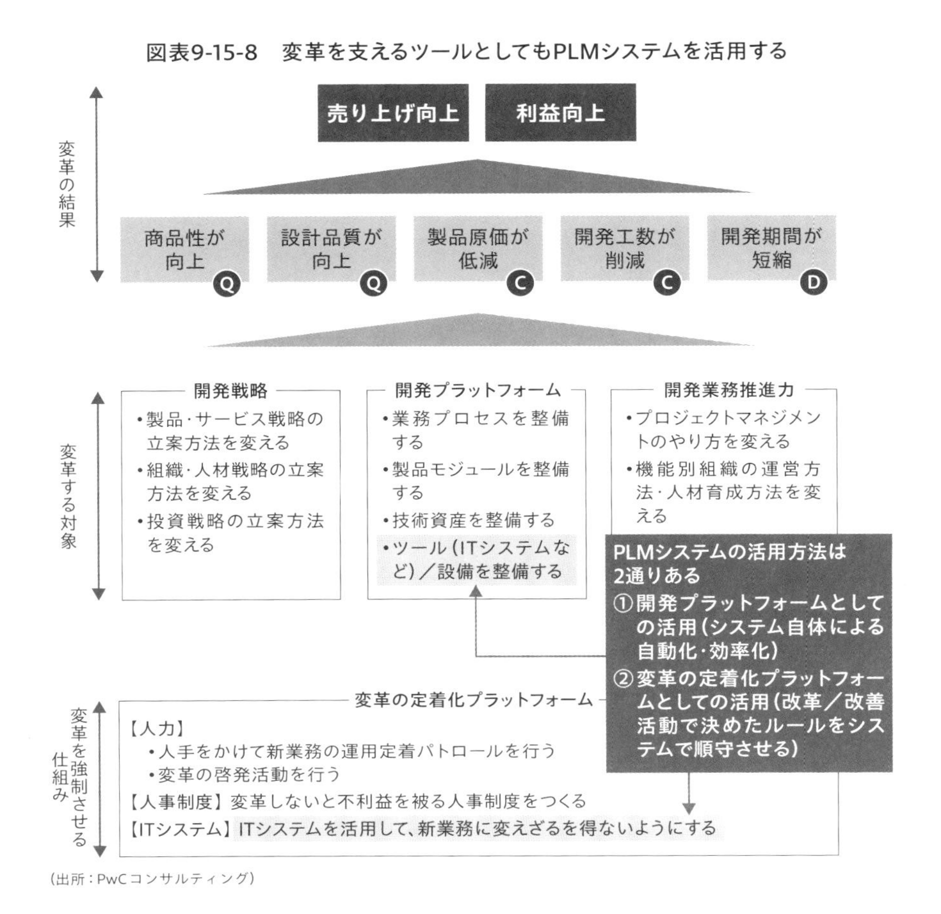

（出所：PwCコンサルティング）

らのクレームを受けて信頼が失墜している、アフターサービス部門や営業部門の対応工数が増大している、といった問題を抱えている企業も多く見られる。

このような問題の解決に向けて、製品のベース情報となるBOM（Bill of Materials）を設計↔製造↔アフターサービスの全てにひも付けて、アフタービジネスを高度化させることが考えられる。そこではBOMを管理するPLMシステムも一役を担うといったイメージだ（図表9-15-9）。

図表9-15-9　BOMの共有による、アフタービジネス高度化検討イメージ

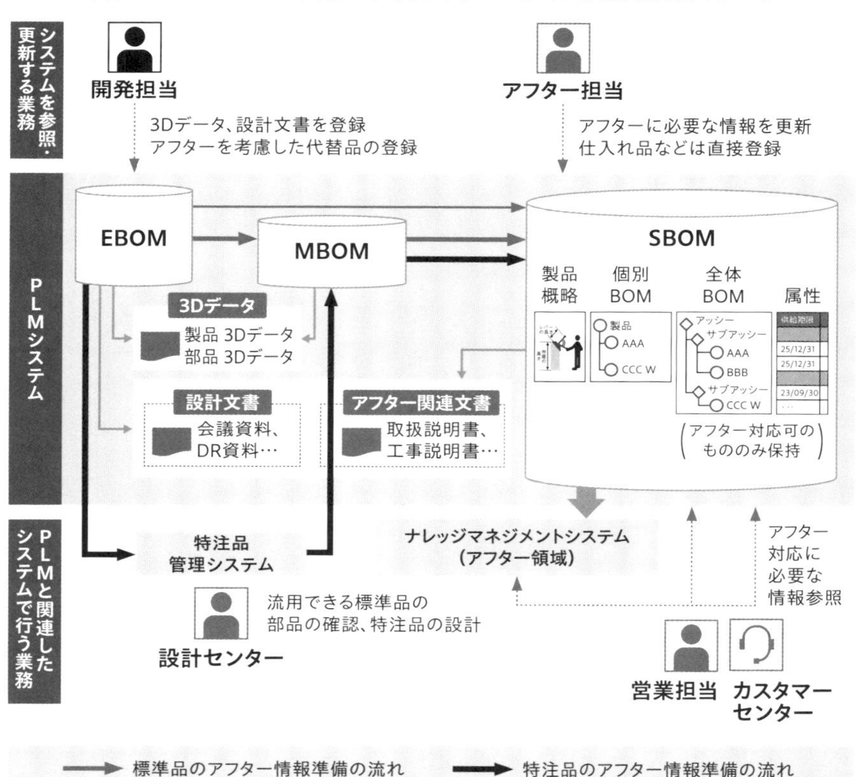

（出所：PwCコンサルティング）　SBOM：Service BOM　MBOM：Manufacturing BOM

PLMシステムの活用をバリューチェーン全体で俯瞰して考えると、PLMシステムによる価値貢献の幅が広がる。

以上、第9章では15の改革テーマについて解説してきた。最終章となる次章は、これら15の改革テーマを進めるにあたり、全般的に押さえておくべき土台となる改革のポイントをまとめて、本書を締めくくりたい。

第10章

開発イノベーション活動の失敗要因を排除し効果を定着させる7カ条

改革推進のベースとなるリーダーの心得

本書ではこれまで、自動車部品メーカーが抱える課題、開発マネジメントの実態を踏まえて、開発イノベーションを実現するための15の改革テーマについて述べてきた。開発現場のコンサルティング案件では、新規事業の立ち上げや次世代技術の開発を妨げる様々な問題が見受けられる。「"手戻りバタバタ開発"が改善されない」「業務に本来かけるべき工数が投入できていない」「忙しくて変革どころではない」といった問題を解決するポイントとして整理したのが15の改革テーマだ。

これらのどのテーマを重点として取り組むかは、企業の状況や改革の進展に応じて変わるが、改革活動を推進する上ではテーマが何であってもベースとして押さえておくべき共通の指針がある。本章では、改革推進に向けて以下に示す7つの指針を解説し、本書を締めくくりたいと思う。

(1) 開発アセスメントでは「結果系」と「原因系」の両データをひも付ける
(2) 開発工数削減には「効率」と「規模」の両面を見る
(3) 工数削減効果は先に刈り取らないと出ない
(4) 改革活動で最も重要なのは「定着化」
(5)「2：6：2の法則」——改革は前向き2割をまず巻き込む
(6) 改革否定論者に対して、やむを得ない場合はしかるべき対策を講じる
(7)「動員力」を持つキーパーソンを押さえる

それでは、1つずつ解説していく。

●(1) 開発アセスメントでは「結果系」と「原因系」の両データをひも付ける

改革活動を始めるにあたり、開発部門の現状や実態を調査・分析する開発アセスメントから入るケースが多いだろう。その際、「結果系データ」と「原因系データ」の両方を取得し、相互に組み合わせて分析することが重要だ。

結果系データには、開発部門全体の開発効率(図表10-1)や各製品の最終的なQCD(Quality：品質、Cost：コスト、Delivery：納期)についてのデータ(図表10-2)などが相当する。いわば、開発部門のダイレクトな成果を示すための指標がこれに分類される。代表的な結果系データの概要は以下の通りだ。

図表10-1　開発効率の算出イメージ

<新商品開発で発生する開発工数>

商品群	2021年		2022年		2023年		2024年	
	テーマ数	工数	テーマ数	工数	テーマ数	工数	テーマ数	工数
L	2	50	2	50	3	75	3	75
M	3	117	2	78	2	78	3	117
N	2	116	2	116	3	174	4	232
合計	7	283	6	244	8	327	10	424

<新商品開発以外で発生する開発工数>

商品群	2021年		2022年		2023年		2024年	
	テーマ数	工数	テーマ数	工数	テーマ数	工数	テーマ数	工数
L	35	420	40	480	45	540	50	600
M	17	300	20	360	23	420	26	480
N	8	240	8	240	10	300	12	360
合計	60	960	68	1080	78	1260	88	1440

<工数合計>

2021年	2022年	2023年	2024年
1243人月	1324人月	1587人月	1864人月

アウトプット

<人員計画>

2021年	2022年	2023年	2024年
90人	90人	95人	105人

インプット

開発効率 = アウトプット(開発の成果物) / インプット(開発費用)

<開発効率>

	2021年	2022年	2023年	2024年
値	13.8	**14.7**	**16.7**	**17.8**
2021年比	100%	**107%**	**114%**	**129%**

※新商品開発以外で発生する開発工数には、既存商品対応、カスタマイズ設計、コストダウンなどが当てはまる

(出所：PwCコンサルティング)

- 開発部門全体の開発効率（開発生産性）：ある期間における、開発テーマ数や開発規模を各年度の開発部門全体の開発工数や開発人員数で割った数値
- Q（品質）：SOP（Start of Production：量産開始）後に発生した品質問題数の計画（想定）および実績
- C（コスト）：SOPから数年たった時点までの開発費・製造原価の計画および実績

図表10-2　各製品のQCD計画／実績分析イメージ

■ SOP～初期流動解除の期間における品質問題数の予実

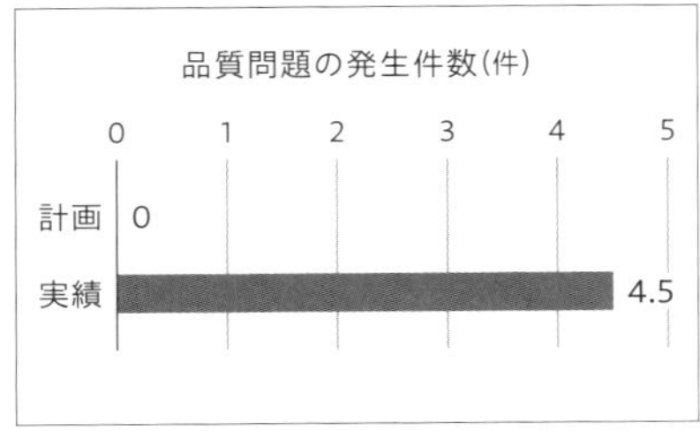

- 計画0件に対して、**平均4.5件の品質問題**が発生

■ 先行開発～初期流動解除の期間における期間の予実

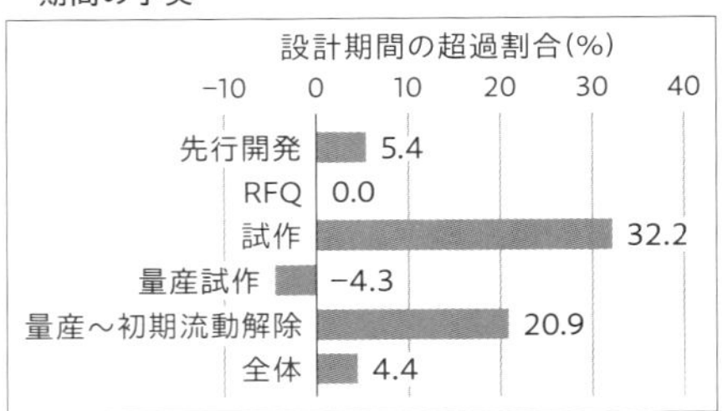

- 全体で4.4%程度の期間超過、**試作フェーズでの期間超過**が最も大きく、続いて、**量産～初期流動解除フェーズでの期間超過**が大きい
（各フェーズの期間は異なり、そのフェーズ内での期間の予実割合を算出）

■ 先行開発～初期流動解除の期間におけるコストの予実

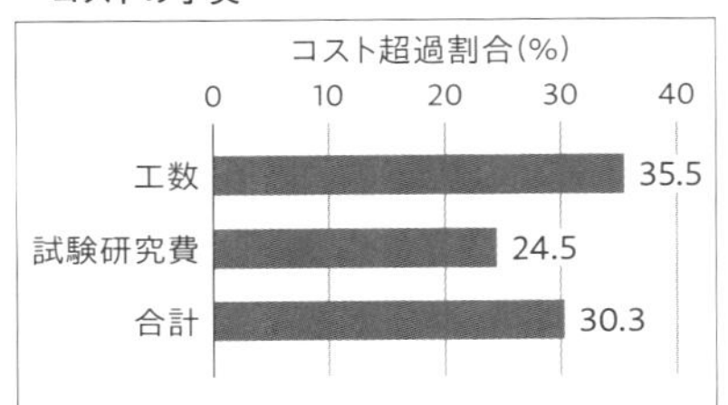

- 計画に対して、**人件費（工数）で35.5%、試験研究費で24.5%、合計で30.3%のコスト超過**が発生

■ 設計フェーズ別の工数割合 実績

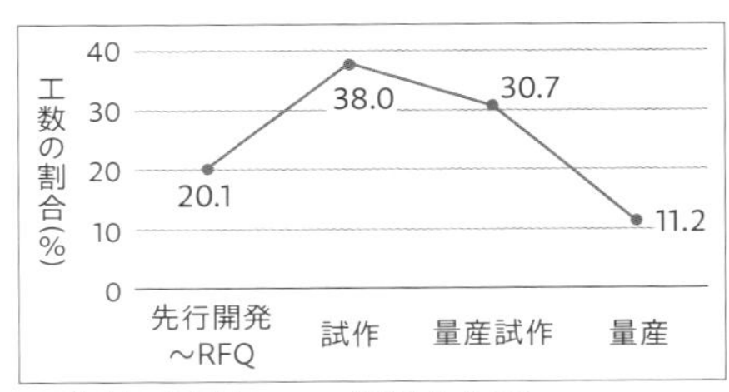

- 工数割合は**試作フェーズが最も大きい**
- **量産フェーズでも11.2%の工数が発生**している
- 一見、フロントローディングを意図した工数カーブに見えるが、工数超過、試作フェーズの期間超過などを踏まえると、**成り行きでこのような工数カーブになった**と推測される

（出所：PwCコンサルティング）

- D（リードタイム・納期）：開発期間全体（開発キックオフから量産開始まで、など）のリードタイムの計画および実績

もう一方の原因系データは、結果系データを生み出している原因に相当する、戦略検討面、業務推進面、組織運営面、仕組み整備面のあらゆるデータを指す。第7章で、PwCコンサルティングが日経BPと連携して実施した「開発マネジメント実態調査」の結果を解説した。この調査で対象とした各種マネジメント水準（「開発戦略」3項目、「開発プラットフォーム」4項目、「開発推進力」2項目）が原因系データと呼ばれるものだ。

この調査では、筆者らが定義する開発マネジメントのフレームワークを活用しており、同フレームワークは原因系の項目で構成している。原因系データのカテゴリーに含まれるものとしては他にも、各開発フェーズで発生する不具合個数の計画（想定）／実績値や、工数・リードタイムの計画／実績値、開発現場が抱えている懸念点や問題点、課題などが挙

図表10-3　結果系データと原因系データ

開発現場の運営
（業務推進面、組織運営面、仕組み整備面、戦略立案面）

運営の結果

原因系データ　　結果系データ

定量データ

- Q：各設計フェーズで発生した品質問題数の計画／実績
- D：各設計フェーズ期間の計画／実績
- 開発現場の工数割合（時間の使い方）
- マネジメント水準値

定性データ

- 各ヒアリングなどで抽出した開発現場の問題点・課題
- マネジメント水準アンケートの回答コメント

「結果系データ」と「原因系データ」の両方を抽出し、その因果関係を明らかにした上で、今後の課題を抽出することが重要

各開発案件のQCD

- Q：製品リリース以降に発生した品質問題の計画／実績
- C：製品コストの計画／実績
  開発・設計費の計画／実績
- D：設計期間トータルの計画／実績

開発効率

ある期間における各年度の開発案件の投入工数と案件数から算出した開発効率の推移

（出所：PwCコンサルティング）

げられる。

改革活動を始める際によくある失敗例として、現場の困りごとを網羅的にヒアリングしたり、業務プロセスを書き出して問題点をプロットしたりして、そこから今後の目指す業務の姿を描き、改革テーマを導出する進め方がある。これでは、原因系データの一部を対象に分析するだけで改革テーマを導出していることになる。結果系データの分析がなく、結果系データと原因系データのひも付けも行われていない。そうなると、改革効果が「出たとこ勝負」、すなわち活動を進めてみないと改革効果が分からず、効果的・効率的な活動になっているか検証できない状況になってしまいがちだ。

本来、開発業務の改革で狙う効果は結果系データのレベルアップ（開発効率化やQCD高度化）であり、その目標を達成するためには原因系データのどこに着目して何に取り組むべきか、といった手順で改革テーマを導

図表10-4　開発の業務工数削減に向けた2つの着眼点（図表9-3-1再掲）

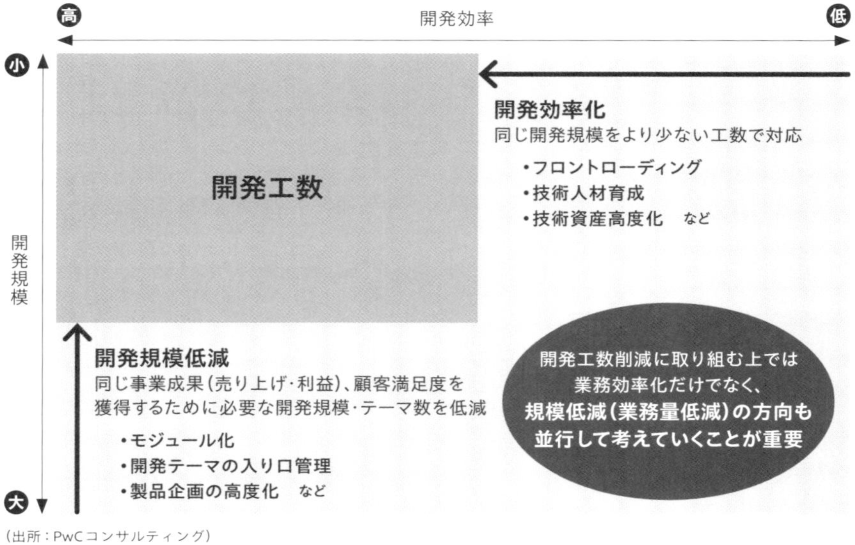

（出所：PwCコンサルティング）

出する必要がある。はじめに手段ありきの改革テーマ設定にならないよう、結果系データと原因系データを網羅的に調査・分析し、ひも付けることが改革成功の第一歩となる（図表10-3）。

●（2）開発工数削減には「効率」と「規模」の両面を見る

開発工数を削減するアプローチには「開発効率化」という効率軸と、「開発規模削減」という開発量（業務量）軸の2つの方向性がある（図表10-4）。業務改革と銘打って取り組む活動にはフロントローディングをコンセプトとした効率軸に偏ったものが多いが、一般的には効率軸よりも開発量（業務量）軸の方が大きな効果が期待できる。

業務改善の順番と視点を示した「ECRS（改善の4原則）」に当てはめて見ていくと、開発規模削減の有効性が分かる。ECRSは、Eliminate（排除）、Combine（結合）、Rearrange（入れ替え・代替）、Simplify（簡素化）の頭文字で、この順番で検討すると改善の効果が大きいとされる。開発規模削減は、最初のEと次のCに相当する（図表10-5）。

図表10-5　業務効率化・業務量削減とECRSの関係

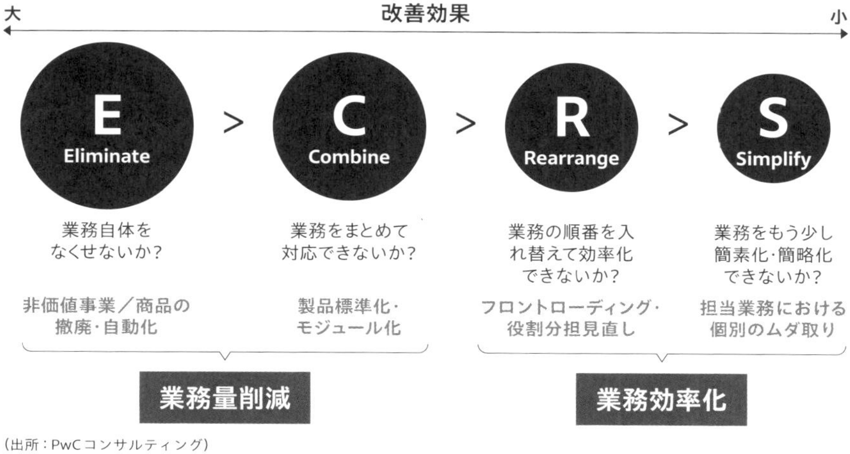

大　改善効果　小

E Eliminate ＞ C Combine ＞ R Rearrange ＞ S Simplify

E Eliminate	C Combine	R Rearrange	S Simplify
業務自体をなくせないか？	業務をまとめて対応できないか？	業務の順番を入れ替えて効率化できないか？	業務をもう少し簡素化・簡略化できないか？
非価値事業／商品の撤廃・自動化	製品標準化・モジュール化	フロントローディング・役割分担見直し	担当業務における個別のムダ取り
業務量削減		業務効率化	

（出所：PwCコンサルティング）

図表10-6　開発イノベーションを実現する15の改革テーマ（図表8-2再掲）

1. 未来の洞察・創造

・未来構想しない
・SF世界
・現在の延長にある世界

事実・潮流+クリエイティビティーによる未来構想

起こり得る未来を描き、その未来を自主的に創造する

2. 戦略の明確化・具体化

Strategy…?
???

不明・曖昧な戦略を明確化し具体的な実現プランを描く

5. 技術開発・蓄積

活用しにくい過去データ

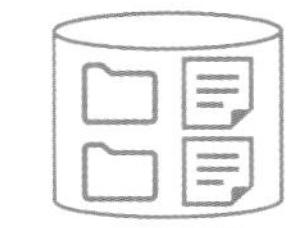

開発・整備された技術資産

中長期的な技術開発や過去の技術資産を蓄積する

6. 製品モジュール整備

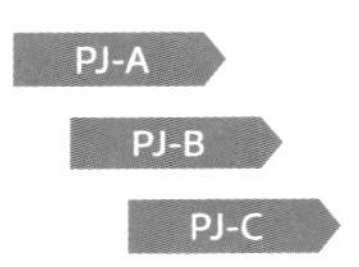

製品構造を見直しプラットフォーム型の開発にシフトする

9. 組織構造の最適化

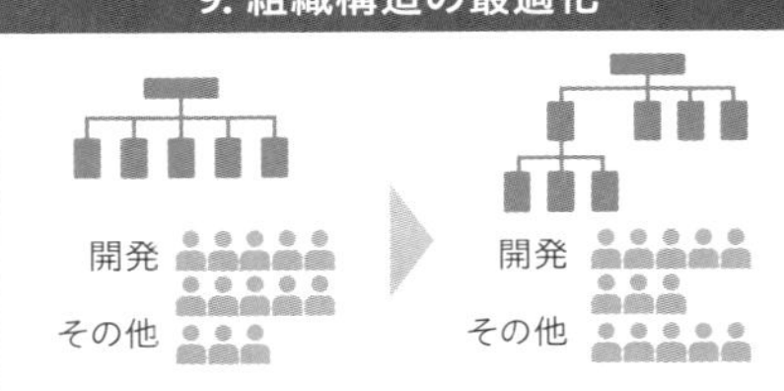

業務改革を実現できる組織構造・人員配置に変える

10. 組織風土の活性化

他部署への不満をぶつけ合い部署間連携の素地をつくる

13. 技術者のスキル強化

場当たりOJT
役立たずOff-JT

計画的OJT
実践的Off-JT

効果的・効率的な教育システムを整備し、技術者を育成する

14. 海外拠点の高度化

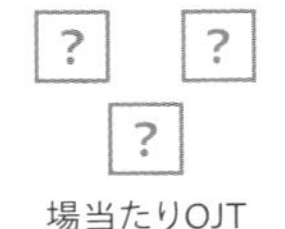

海外は無管理または押し付け

拠点に合わせた管理基盤を構築

各拠点の事情に合わせた運営や管理基盤を整備する

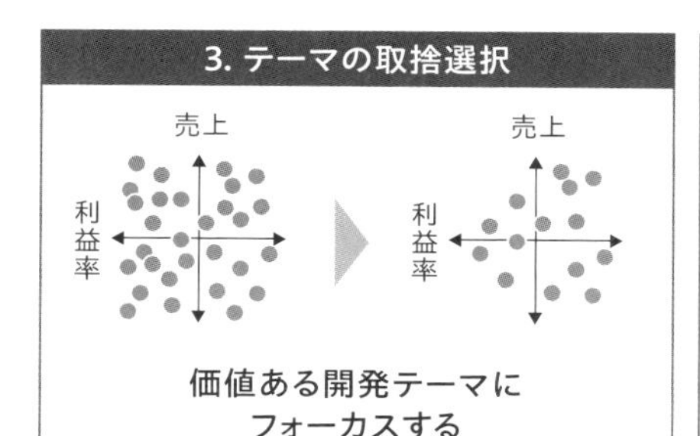

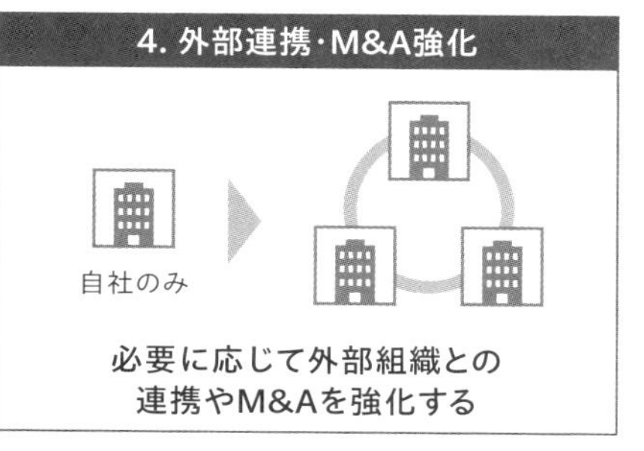

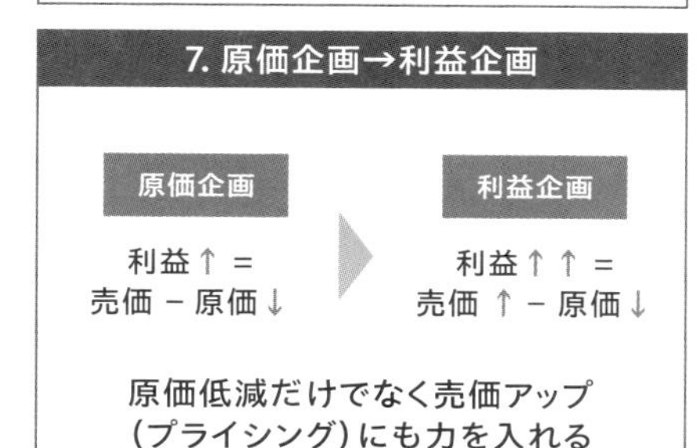

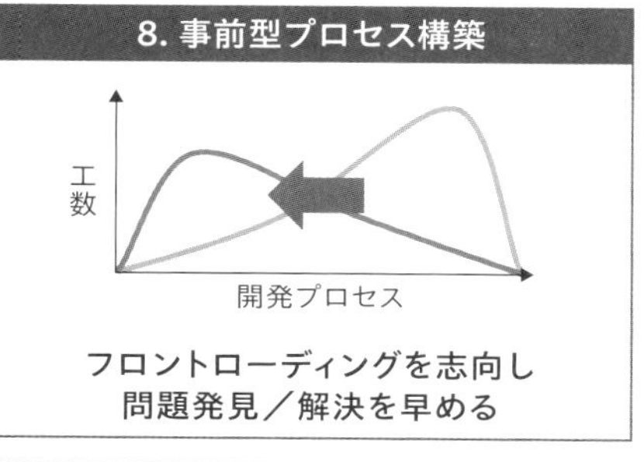

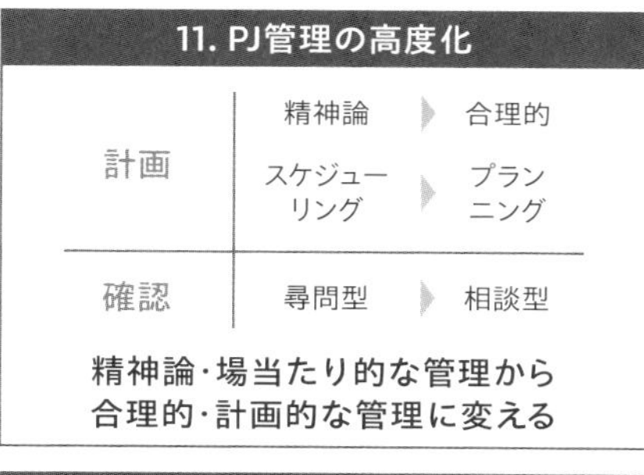

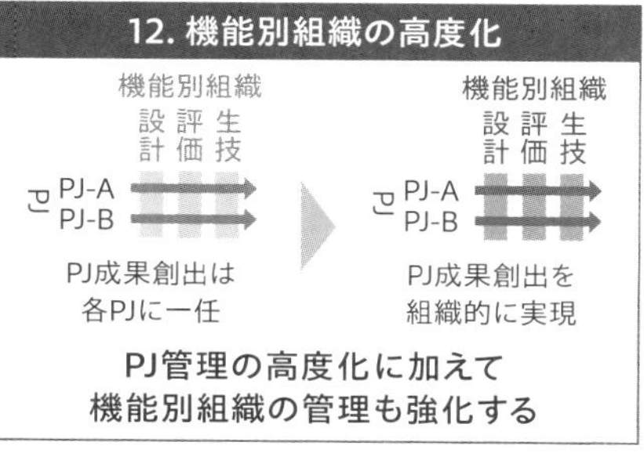

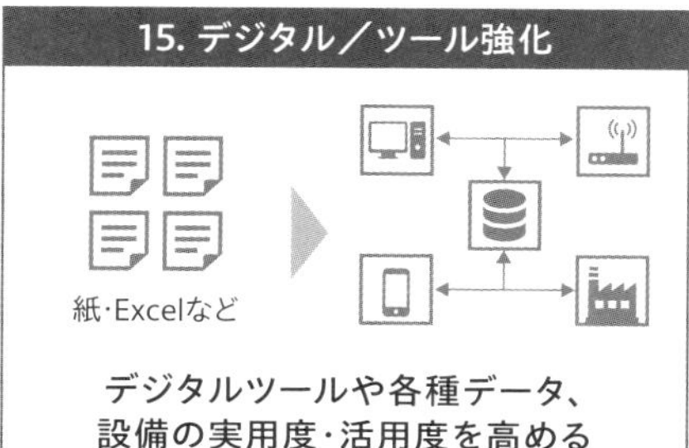

（出所：PwCコンサルティング）

開発規模削減のアプローチには製品モジュール化、開発テーマの取捨選択、製品企画の高度化（売れる製品・サービス・ビジネスモデルを企画・提案していく）といったものが挙げられる。「複数の製品開発をまとめて対応する」「対応製品の数を絞り、集中して魅力的な商品を企画・開発する」といった工夫が開発規模削減のコンセプトだ。

本書で紹介してきた15の改革テーマ（図表10-6）のうち、「1.未来の洞察・創造」「2.戦略の明確化・具体化」「3.テーマの取捨選択」「4.外部連携・M&A強化」「5.技術開発・蓄積」「6.製品モジュール整備」「7.原価企画→利益企画」などが開発規模削減に寄与するテーマだ。開発規模削減は開発効率化より数段レベルが高く、難しい取り組みとなることが多いが、そこにチャレンジすることで大きな改革効果を得る余地が残されているかもしれない。

●（3）工数削減効果は先に刈り取らないと出ない

業務工数の削減効果を明確に表出化させる上で、

- 削減目標としている工数を先に刈り取る（削減目標の工数分を違う業務に割り当てる、メンバーを当該業務から外して配置転換するなど）
- もしくは一定期間の後に刈り取ると対象部署にあらかじめ周知し、その時期が来たら本当に刈り取る

という方法がある。

よくある例として、業務工数30％削減の目標を設定し、その実現策も明確にして取り組んできたものの、実際は30％の工数削減効果が見えない（10人いる部署で3人分が不要とならない、など）、といったケースがある。これは、改革活動で以前より工数が30％削減できているのに、その30％を各メンバーが保有している業務案件に充てている可能性がある。例えば、設計検討をよりブラッシュアップする、今まで後回しにしていたタ

スクをこなすなどだ。外部から見ると30%の工数削減が実現できていないように見えてしまうのである（図表10-7）。

エンジニアリングチェーン領域は他の領域と比べて思考的な業務が多く、効率化された工数をその思考の質を上げる工数に投入しがちだ。当然、業務品質が高まるので、思考業務の質向上は良いことである。しかし、業務工数削減を改革活動の目的・目標とした場合は、工数の先行刈り取りのような工夫をしなければ、明確な効果が出にくい場合が多い。

●（4）改革活動で最も重要なのは「定着化」

当然ながら、改革活動で新たに構築したり見直したりした業務プロセスやルール、仕組みなどはメンバーに活用・順守されて初めて効果が出てくる。しかし、メンバー全員が最初から素直に活用・順守してくれることはまずない。

図表10-7　工数削減効果の先行刈り取り

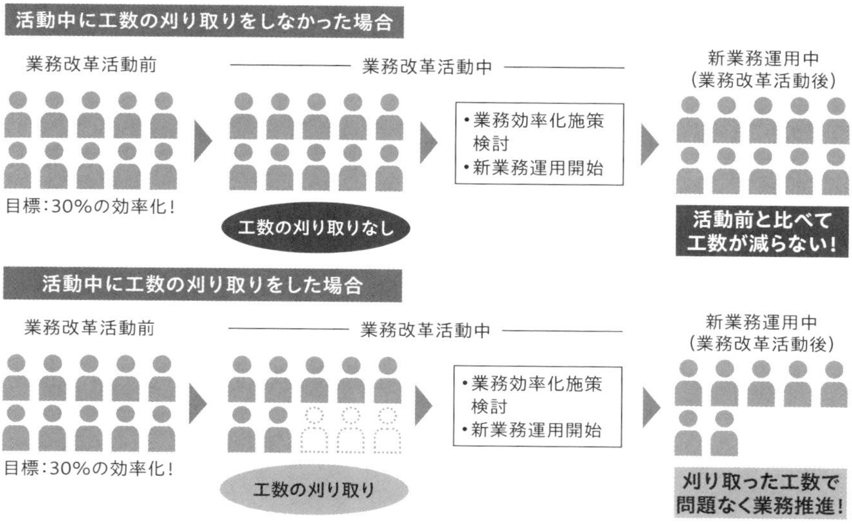

活動中に工数の刈り取りをしなかった場合

業務改革活動前

目標：30%の効率化！

業務改革活動中

工数の刈り取りなし

・業務効率化施策検討
・新業務運用開始

新業務運用中（業務改革活動後）

活動前と比べて工数が減らない！

活動中に工数の刈り取りをした場合

業務改革活動前

目標：30%の効率化！

業務改革活動中

工数の刈り取り

・業務効率化施策検討
・新業務運用開始

新業務運用中（業務改革活動後）

刈り取った工数で問題なく業務推進！

（出所：PwCコンサルティング）

図表10-8　新たなルールが順守されない主な原因

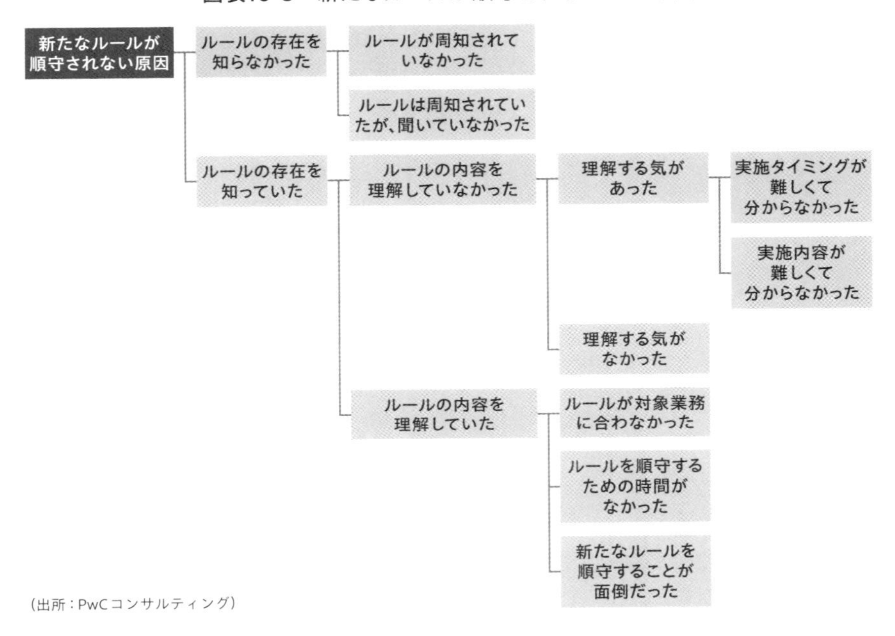

（出所：PwCコンサルティング）

図表10-9　定着化に向けて取り組むべきこと

丁寧な問い合わせ対応	改革した業務プロセスやルール、仕組みなどについて、メンバーからの問い合わせやクレームに対して、タイムリーかつ丁寧な対応を徹底する
メンバーに対する改革内容の教育	改革した業務プロセスやルール、仕組みなどをメンバーが効果的に活用できるようになるための教育を実施する（ワークショップ、eラーニング、改革意識調査アンケートなど）
改革内容の利点についての発信	改革した業務プロセスやルール、仕組みなどを、ターゲットと捉えているメンバーに訴求するために、その利点について継続的に発信する（改革ポータルサイト、社内報、社外メディア発信など）
運用パトロール	改革した業務プロセスやルール、仕組みなどを活用して業務運用しているか定期的にモニタリングし、順守されていない場合にはその原因を究明し、注意勧告の他、順守に向けた各種対策を実施する（メンバーの利便性向上に向けたさらなる仕組み改善、不順守者へのペナルティー設定など）

上記のような対応を担う窓口組織を設立する

（出所：PwCコンサルティング）

人間には「まあ、今のままでもいいか……」といった発想に陥る現状維持バイアスと呼ばれる特性があり、よほど何かを変えなくてはならないという強い動機がない限り、なかなか行動を変えようとしない傾向がある。「決めたルールは守ってくれるだろう」という前提を置くことはお勧めできない(図表10-8)。

そのため、新たな業務や仕組みの運用を定着化させるための取り組みが非常に重要で、この取り組みにどれだけ力を入れられるかで活動の成果が大きく左右される。「最初は守ってくれないかもしれない」「人はそんな簡単に変わらないかもしれない」「やる気がある人ばかりではないかもしれない」といった可能性も踏まえて、新たな業務・仕組みの活用徹底に向けたアクションをとっていく必要がある。

このような定着化活動を行うにあたり、対応窓口となる組織を組成し、新しい業務や仕組みを当たり前に存在する水準まで根付かせることが重要だ(図表10-9)。

図表10-10 「2:6:2の法則」

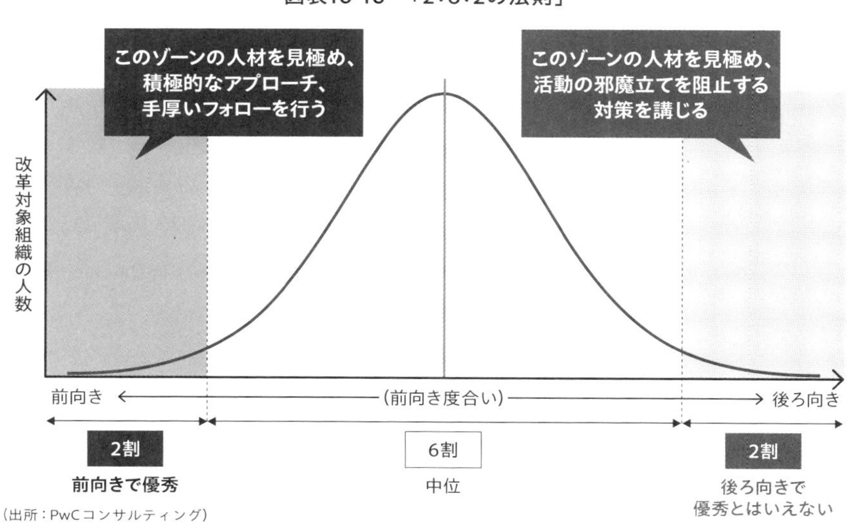

(出所:PwCコンサルティング)

●(5)「2:6:2の法則」——改革は前向き2割をまず巻き込む

一般的に、組織に所属するメンバーの集団は、各種の新たな取り組みに対して前向きな2割、中位の6割、後ろ向きな2割に分かれるといわれ、これを「2:6:2の法則」と呼ぶ。効果的・効率的に改革活動を進めていくには、まず、この中の前向きな2割にアプローチしていき、中位の6割をいかに前向き2割側に引き寄せていけるかがポイントだ(図表10-10)。

最も避けるべきは、後ろ向き2割の意識を変えさせようと、重点的にアプローチすることだ。前述した通り、人間には現状維持バイアスという特性があり、その強さはその人が置かれている立場や状況、これまで仕事をしてきた環境や価値観など様々な要素が絡んで、人により大きく異なる。この2:6:2の法則の根底には現状維持バイアスの強さが潜んでいる。

改革リーダーや事務局メンバーがいくら積極的にアプローチしても、残念ながら後ろ向き2割のメンバーが変わってくれなかったというケースをこれまで数多く見てきた。厄介なのは、組織上層部のキーパーソンが後ろ向き2割の分類に入るなど、活動を妨害する抵抗勢力が極端に強大な場合だが、そのような場合を除けば、いったんは後ろ向き2割に対するアプローチを控えるスタンスがポイントである。

●(6)改革否定論者に対して、やむを得ない場合はしかるべき対策を講じる

では、後ろ向き2割に極端な抵抗勢力や改革否定論者がいて、活動全体の推進に大きな障害となっている場合は、どうしたらよいだろうか。当該メンバーの立場や状況などに鑑み、十分なコミュニケーションを図り、相手の考えや思いを認識・理解した上でこちらの考えや方針を伝え、お互いに譲歩できる部分を模索し、活動に対する折衷案を見いだす。

それでもなお否定的に活動を妨害するような場合には、やむを得ないことながら、妨害行動に関して当該メンバーを無力化する(活動推進の障

害にならないよう働きかける）必要がある。一般的には以下のような方法が挙げられる（図表10-11）。

- Replace：改革否定論者が妨害行動できる機会をなくすよう、現担当業務から代わってもらう。例えば、改革の内容に関係しない業務に専念してもらう方法が考えられる
- Press：改革否定論者の周囲の関係者を巻き込み、周囲の圧力で改革活動を否定できないような環境をつくる。例えば、上長など当該メンバーに影響力を持つ人も活動に巻き込み、無用な妨害を回避する方法が挙げられる
- Carve Out：改革否定論者に対して、組織の外で積極的に活躍できる機会をつくる。密なコミュニケーションを取り、やりたいことを明確にしてもらうことで、例えば魅力的な早期退職制度の適用を提案したり、組織再編や異動によって働きがいのある居場所を用意したりする方法が考えられる

図表10-11　やむを得ない場合の改革否定論者への対応方法

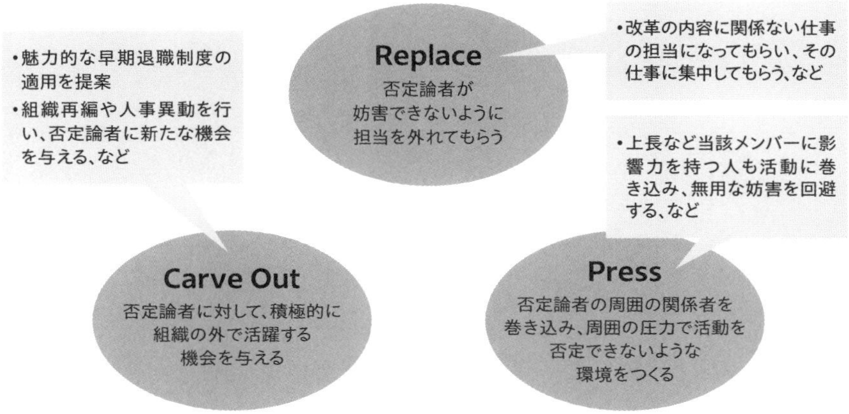

（出所：PwCコンサルティング）

図表10-12　動員力を生み出す2つのファクター

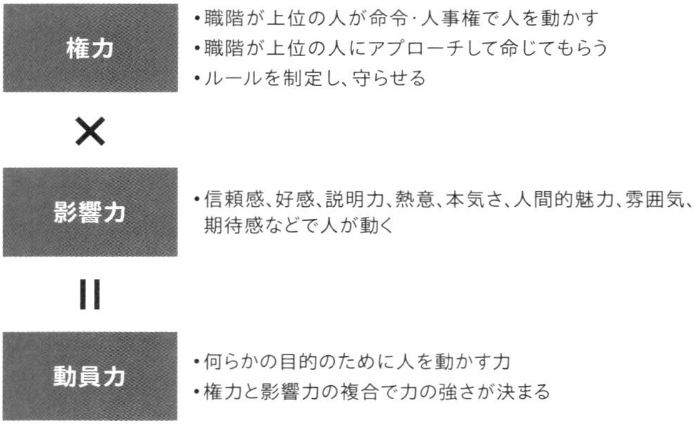

権力	•職階が上位の人が命令·人事権で人を動かす •職階が上位の人にアプローチして命じてもらう •ルールを制定し、守らせる
×	
影響力	•信頼感、好感、説明力、熱意、本気さ、人間的魅力、雰囲気、期待感などで人が動く
＝	
動員力	•何らかの目的のために人を動かす力 •権力と影響力の複合で力の強さが決まる

（出所：PwCコンサルティング）

当然だが、このような方法をとる上では、組織のトップマネジメントや人事部門などと連携して慎重かつ綿密に進めなければならない。本当に最後の手段であり、みだりに行うことは避けねばならない。実行へ移さなくても、適用する構えを見せるだけで効果を得られる可能性もある。

●（7）「動員力」を持つキーパーソンを押さえる

改革活動の成否を決める要素には、改革テーマや施策の有効性もあるが、これまで述べてきた通り、「改革活動へメンバーを動員できるか？」という要素も並行して重要だ。動員とは目的達成のために人を動かすことだが、多くのメンバーを改革活動に動員する上で、誰が動員力を持っているかを多角的に見定め、そのメンバーを活動のキーパーソンとして巻き込んでいくことがポイントだ。

動員力は、「権力」と「影響力」の掛け算で決まる。権力とは、職制上の立場の上の人が下の人に対して命令・人事権を行使する力だ。上司が部下に指示・命令して部下を動かす力がこれに当たる。もう1つの影響力とは、信頼感、好感、説明力、熱意、本気さ、人間的魅力、雰囲気、期待感と

図表10-13　「動員力」を持つキーパーソン

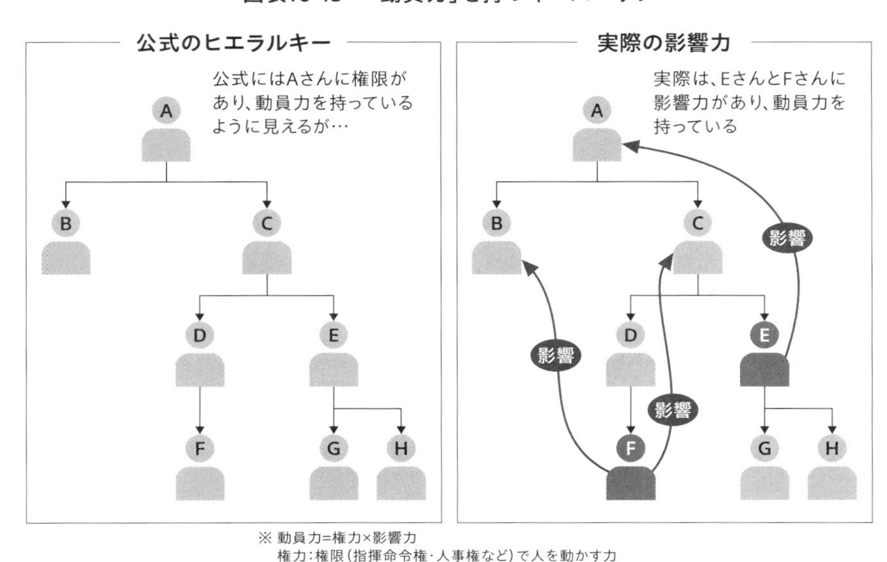

※ 動員力=権力×影響力
権力：権限（指揮命令権・人事権など）で人を動かす力
影響力：信頼感・好感・説明力・熱意・本気さ・人間的魅力・雰囲気・期待感などで人を動かす力

（出所：PwCコンサルティング）

いったもので人を動かす力だ（図表10-12）。

この権力と影響力には相関性がない。権力があって影響力を持たない人もいれば、権力はないのに影響力の強い人もいる（図表10-13）。

権力の強さは公式のヒエラルキーを確認すれば分かるが、影響力の強さは実際に周囲の評判などを確認しないとなかなか把握できない。メンバー間の相性、仲の良しあしなども影響力を左右する。人物相関図のようなものも駆使しながら、誰が動員力を持つメンバーかを見定め、そのメンバーに積極的に働きかけていくことが重要だ。

＊　　　＊　　　＊

以上7つが、改革活動に取り組む上で、ベースとして押さえておくべきポイントだ。最後に、業務・組織改革でよく見られる失敗パターンを紹介する。これまで筆者らが数多くの改革活動に携わってきた中で、よく見てきた失敗例をパターン化して14項目にまとめたものだ（図表10-14）。これらに該当する数が多いほど、失敗の可能性が高まると考えられるため、チェックリストとして、読者の改革活動の見直しに使っていただければと思う。

図表10-14　業務・組織改革でよく見られる14の失敗パターン

No.	失敗パターン
1.	経営や事業目標と、業務改革・ITシステム刷新・デジタルツール導入の結び付きが不明確で、活動の優先順位やスコーピングが非効率（費用対効果の悪い活動）
2.	業務改革において、特定の改善手法やITシステム、デジタルツール導入など、はじめに「手段ありき」で考えてしまい、経営・事業目標の達成に向けて、本当に取り組むべき問題・課題に着手していない（目的と手段の逆転）
3.	IT部門がデジタル改革をけん引するが、業務部門の本質的な問題や困りごとを認識・理解できておらず、自分たちが取り扱える表層的な改善テーマ（付帯業務のムダ取りレベル）しか対応しない
4.	業務ルールやプロセスを見直すだけで、それを実現する組織構造や人員配置の適正化、事業・製品戦略や人事ルールの見直し、人員削減など、「聖域」と呼ばれる領域にメスを入れない
5.	改革推進を「ファクト&ロジック」だけ、もしくは「パッション」だけで推し進め、「ファクト&ロジック&パッション」のバランスが取れていない
6.	改革事務局の構想力や推進力が弱く、改革活動を掌握できず、改革対象部門に検討会の推進や目指す姿の設定などを任せることが多い（改革事務局の能力が低い）
7.	改革活動で業務効率化（工数削減）を狙う際、先に工数を刈り取らず、活動前と比較して工数が結局低減しない
8.	対応に気が引けるような、キーパーソンや改革抵抗者への定期的・適時的な働きかけ（報告・連絡・相談および改善アクション）が後手に回る
9.	当初決めた改革課題・施策を進めるうちに、その他いろいろな追加課題・施策が抽出され、それを全て当初計画の範囲で対応しようとする（ステップ分けやスコープを定義しない）
10.	改革対象部門に対して「決めたことはやってくれるだろう」という前提で考えるばかりで、「そんなすぐには人は変わらない」「最初はやってくれないことが前提」といった可能性を踏まえていない（定着化活動が弱い）
11.	新たに決めたルールやプロセスなどの順守に対して、信賞必罰の仕組み（表彰制度、連帯責任制度など）が弱い
12.	「ゆくゆくは改革対象部門のみで改革推進すべき」という論理の下、「あとはそちら（改革対象部門）で対応してください」と、改革事務局が中途半端に手を引く
13.	一度決めた新たなルールなどを運用開始後、それが実務に合わなかった場合でも、「せっかく苦労して決めた新ルールだから」といった根拠なき理由ですぐに見直さず、「改悪」を継続させる
14.	活動当初の改革目標とITシステム刷新後・デジタルツール導入後の定期的な実績チェックを行っていない、あるいは形骸化している（改革活動をやりっ放し）

（出所：PwCコンサルティング）

本書ではここまで、自動車部品を中心とした部品メーカーの新規事業開発の進展および開発イノベーション実現に向けて、改革のポイントを解説してきた。CASEの急激な進展に伴う荒波の中、生き残りのために懸命に努力を重ねる部品メーカー各社にとって、本書が何かの参考になれば、筆者として幸いである。

参考文献

本書の作成にあたり、下記の調査レポートおよびWebサイトを参照した。

1) PwC、「CASE対応に求められる大変革 -部品メーカーの新規事業成功に向けて取り組むべき5つの視点」、https://www.pwc.com/jp/ja/knowledge/thoughtleadership/for-the-success-of-component-manufacturers.html

2) PwC、「自動車部品メーカーの開発イノベーション15のポイントおよび定着化7カ条」、https://www.pwc.com/jp/ja/knowledge/thoughtleadership/auto-parts-manufacturer.html

3) 「自動車部品メーカーの開発イノベーション15のポイント」、『日経クロステック』、https://xtech.nikkei.com/atcl/nxt/column/18/02078/

4) 「『新製品・サービスで成果』2割台、情勢変化で開発設計に試練か」、『日経クロステック』、https://xtech.nikkei.com/atcl/nxt/mag/nmc/18/00024/00027/

著者略歴

入江 玲欧（いりえ れお）

PwCコンサルティング合同会社　執行役員　パートナー
自動車産業事業部　部品インダストリーチーム
スポンサーパートナー

大手SIerおよびコンサルティングファームにて、自動車業界（自動車部品メーカーや自動車メーカーなど）を中心に製造業へのシステム導入およびコンサルティング業務に従事。特に、自動車部品メーカーには約20年の支援実績を持つ。
大規模プロジェクトにおけるプロジェクト管理を得意とし、数多くの基幹システム導入／構築プロジェクトに参画し、構想策定～構築・展開～保守・安定化までの全フェーズでの経験を有する。
業務領域では、会計／生産／販売／物流と製造業における一連の業務プロセスにおける業務改善経験を持つ。
現在は、自動車部品メーカー向けのDX化／AI業務活用支援を中心に支援すると共に、PwC Japanグループの自動車部品インダストリーチームのリーダーを務める。

寺島 克也（てらしま かつや）

PwCコンサルティング合同会社　執行役員　パートナー
エンタープライズトランスフォーメーション事業部
インダストリーソリューション　リーダー
R&D/PLM Non Auto CoE　スポンサーパートナー

日系コンサルティング会社を経て現職。
20年以上にわたり自動車業界を中心に製造業のR&D領域のコンサルティング業務に従事。業務改革に向けたアセスメントとあるべきビジョン策定・プロセス構築、各種ベンチマーク、技術戦略立案／新規事業創出、MBD/MBSEプロセス構築、組織改革・人材育成、チェンジマネジメント、PLM等基幹システムの導入など、数多くの支援を実施し、自動車業界をはじめ主要な日本企業における多様な経験を有している。セミナーでの講演やWebへの執筆なども多数あり。
現在は、インダストリー・ソリューションユニットのサブリーダーおよびR&D/PLMチームの総責任者を務める。

渡辺 智宏（わたなべ ともひろ）

PwCコンサルティング合同会社　執行役員　パートナー
エンタープライズトランスフォーメーション事業部
インダストリーソリューション
R&D/PLM Non Auto CoE　リーダー

大手ITベンダーにて業務／組み込みシステム開発、プロジェクトマネジメント、ソフトウエア技術の研究・開発などに携わる。その後、国内外の大手コンサルティング会社を経て現職。製造業のR&D領域における業務・組織改革、経営～事業・技術戦略立案、未来構想、新規事業開発、モジュール化、品質改善、プライシング、原価企画、PLMシステム導入などのコンサルティング、セミナーに数多く携わる。主な専門業界は通信・ハイテク、自動車および輸送機器、産業機械、ロボット・FAなど。
技術に加えて、マネジメントやビジネスの知見を併せ持つR&D部門への変革を支援する。
主な著書に、『「ビッグデータ」という言葉に踊らされないための品質の基本』『技術を強みとした新規事業開発の教科書』（共に共著、デザインエッグ社）、『製造業R&Dマネジメントの鉄則』（共著、日刊工業新聞社）など。その他、新聞や雑誌、Webなどへの執筆・連載も多数。

森脇 崇（もりわき たかし）

PwCコンサルティング合同会社　シニアマネージャー
スマートモビリティ総合研究所　リサーチ＆インサイト リーダー

国内系、外資系の証券会社にて約20年間にわたってアナリスト業務に従事した後、調査レポート発行会社を経て現職。
自動車、自動車部品メーカーの電動化戦略、カーボンニュートラル戦略、スマート工場新設計画の立案支援などに携わる。

嶋田 充宏（しまた みつひろ）

PwCコンサルティング合同会社　シニアマネージャー
エンタープライズトランスフォーメーション事業部
インダストリーソリューション
R&D/PLM Non Auto CoE

外資系電子機器メーカーでの業務改革およびアウトソーシング事業を経て、日系コンサルティングファームにて業務領域のアドバイザリーに従事し、現職。自動車OEMメーカーおよび部品メーカー、重工メーカー、機械メーカー、化学メーカーのR&D領域における業務効率化、PLM導入、DX推進領域を中心としたアドバイザリー業務に携わる。

水田 大哉（みずた ひろや）

PwCコンサルティング合同会社　マネージャー
エンタープライズトランスフォーメーション事業部
インダストリー・ソリューション
R&D/PLM Non Auto CoE

大手自動車メーカーで設計業務に従事し、乗用車、電気自動車、燃料電池車、プラグインハイブリッドなどの先行～量産開発までの幅広いR&D領域の経験を経てPwCへ参画。現職にて、大手製造メーカーの未来創造プロジェクトや内閣府の研究成果社会実装プロジェクトなどの新規事業開発支援活動に従事。また、MaaS/EVやCyber Securityに対する動向調査・事業案件調査・ソリューション開発などの活動支援にも参画。
製造業を中心とした業務プロセス改革（DX変革を含む）、PLM導入、CAD・PDM刷新によるデジタル改革、原価企画、BOM構築等の変革支援プロジェクトなどにも携わる。

（所属・肩書はいずれも2025年3月現在）

PwC Japanグループは、日本におけるPwCグローバルネットワークのメンバーファームおよびそれらの関連会社の総称です。各法人は独立した別法人として事業を行っています。
複雑化・多様化する企業の経営課題に対し、PwC Japanグループでは、監査およびブローダーアシュアランスサービス、コンサルティング、ディールアドバイザリー、税務、そして法務における卓越した専門性を結集し、それらを有機的に協働させる体制を整えています。また、公認会計士、税理士、弁護士、その他専門スタッフ約12,700人を擁するプロフェッショナル・サービス・ネットワークとして、クライアントニーズにより的確に対応したサービスの提供に努めています。

PwCコンサルティング合同会社は、経営戦略の策定から実行まで総合的なコンサルティングサービスを提供しています。PwCグローバルネットワークと連携しながら、クライアントが直面する複雑で困難な経営課題の解決に取り組み、グローバル市場で競争力を高めることを支援します。

部品メーカーサバイバル
R&D改革15のポイント

2025年4月21日　初版第1刷発行

著者　PwCコンサルティング合同会社、渡辺 智宏
編集　日経クロステック
発行者　浅野 祐一
発行　株式会社日経BP
発売　株式会社日経BPマーケティング
〒105-8308東京都港区虎ノ門4-3-12
装丁　野網 雄太(野網デザイン事務所)
レイアウト　青木 景、双川 敬子(K3プラン)
組版(DTP)　K3プラン
印刷・製本　TOPPANクロレ株式会社

ISBN 978-4-296-20758-9